▶▶ 二维码教学视频使用方法

本套丛书提供书中案例操作的二维码教学视频,读者可以使用手机微信、QQ 以及浏览器中的"扫一扫"功能,扫描本书前言中的二维码图标,即可打开本书对应的同步教学视频界面。

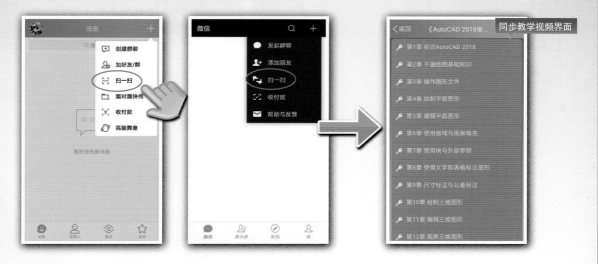

在教学视频界面中点击需要学习的章名,此时在弹出的下拉列表中显示该章的所有视频教学案例,点击任意一个案例名称,即可进入该案例的视频教学界面。

点击案例视频播放界面右下角的▣按钮,可以打开视频教学的横屏观看模式。

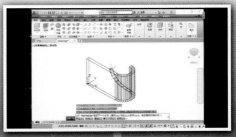

[配套资源使用说明]

▶▶ 电脑端资源使用方法

　　本套丛书配套的素材文件、电子课件、扩展教学视频以及云视频教学平台等资源，可通过在电脑端的浏览器中下载后使用。读者可以登录本丛书的信息支持网站（http://www.tupwk.com.cn/teaching）下载图书对应的相关资源。

　　读者下载配套资源压缩包后，可在电脑中对该文件解压缩，然后双击名为 Play 的可执行文件进行播放。

▶▶ 扩展教学视频&素材文件

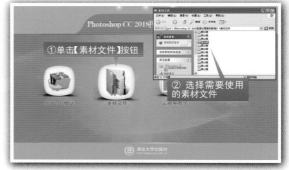

▶▶ 云视频教学平台

▶ 动画窗格

▶ 设计PPT封面页

▶ 设计PPT目录页

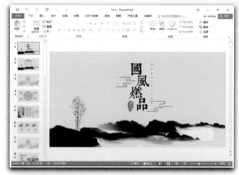

▶ 设计国风PPT

▶ 设置幻灯片动画

▶ 设置蒙版

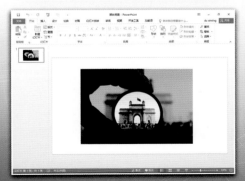

▶ 设置图片黑白背景

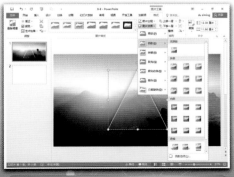

▶ 设置图片效果

▶ 使用表格

▶ 使用图表

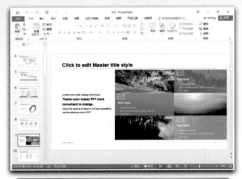

▶ 使用图形

▶ 使用形状

▶ 新年工作计划PPT

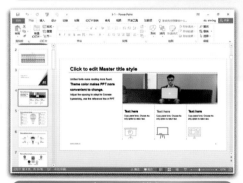

▶ 应用PPT模板

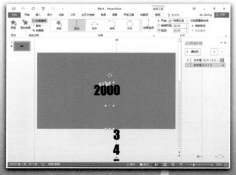

▶ 制作数字钟动画

▶ 组合图形

计算机应用案例教程系列

PowerPoint 2016
幻灯片制作
案例教程

马晓荣◎主　编

李宇博◎副主编

清华大学出版社

北京

内 容 简 介

    本书以通俗易懂的语言、翔实生动的案例全面介绍使用 PowerPoint 2016 进行幻灯片制作的操作方法和技巧。全书共分 10 章，内容涵盖了 PPT 素材整理、PPT 内容构思、PPT 模板应用、PPT 页面设计、PPT 排版布局、PPT 动画制作、PPT 数据呈现、PPT 图片处理、PPT 优化设置、PPT 放映输出等。

    书中同步的案例操作二维码教学视频可供读者随时扫码学习。本书还提供配套的素材文件、与内容相关的扩展教学视频以及云视频教学平台等资源的电脑端下载地址，方便读者扩展学习。本书具有很强的实用性和可操作性，是一本适合于高等院校及各类社会培训学校的优秀教材，也是广大初、中级计算机用户的首选参考书。

    本书对应的电子课件及其他配套资源可以到 http://www.tupwk.com.cn/teaching 网站下载。

图书在版编目(CIP)数据

PowerPoint 2016 幻灯片制作案例教程 / 马晓荣 主编. 一北京：清华大学出版社，2019 (2023.8重印)
(计算机应用案例教程系列)
ISBN 978-7-302-52641-4

I. ①P… II. ①马… III. ①图形软件—教材 IV. ①TP391.412

中国版本图书馆 CIP 数据核字(2019)第 046899 号

责任编辑：胡辰浩
封面设计：孔祥峰
版式设计：妙思品位
责任校对：牛艳敏
责任印制：丛怀宇

出版发行：清华大学出版社
        网　　址：http://www.tup.com.cn，http://www.wqbook.com
        地　　址：北京清华大学学研大厦 A 座　　　邮　　编：100084
        社 总 机：010-83470000　　　　　　　　邮　　购：010-62786544
        投稿与读者服务：010-62776969，c-service@tup.tsinghua.edu.cn
        质 量 反 馈：010-62772015，zhiliang@tup.tsinghua.edu.cn

印 装 者：三河市铭诚印务有限公司
经　　销：全国新华书店
开　　本：185mm×260mm　　　印　张：18.75　　　插 页：2　　　字　数：480 千字
版　　次：2019 年 4 月第 1 版　　　印　次：2023 年 8 月第 3 次印刷
印　　数：4201～5000
定　　价：69.00 元

产品编号：076404-02

前言

熟练使用计算机已经成为当今社会不同年龄层次的人群必须掌握的一门技能。为了使读者在短时间内轻松掌握计算机各方面应用的基本知识，并快速解决生活和工作中遇到的各种问题，清华大学出版社组织了一批教学精英和业内专家特别为计算机学习用户量身定制了这套"计算机应用案例教程系列"丛书。

丛书、二维码教学视频和配套资源

➤ **选题新颖，结构合理，内容精炼实用，为计算机教学量身打造**

本套丛书注重理论知识与实践操作的紧密结合，同时贯彻"理论+实例+实战"三阶段教学模式，在内容选择、结构安排上更加符合读者的认知习惯，从而达到老师易教、学生易学的目的。丛书采用双栏紧排的格式，合理安排图与文字的占用空间，在有限的篇幅内为读者奉献更多的计算机知识和实战案例。丛书完全以高等院校、职业学校及各类社会培训学校的教学需要为出发点，紧密结合学科的教学特点，由浅入深地安排章节内容，循序渐进地完成各种复杂知识的讲解，使学生能够一学就会、即学即用。

➤ **教学视频，一扫就看，配套资源丰富，全方位扩展知识能力**

本套丛书提供书中案例操作的二维码教学视频，读者使用手机微信、QQ 以及浏览器中的"扫一扫"功能，扫描下方的二维码，即可观看本书对应的同步教学视频。此外，本书配套的素材文件、与本书内容相关的扩展教学视频以及云视频教学平台等资源，可通过在电脑端的浏览器中下载后使用。

(1) 本书配套素材和扩展教学视频文件的下载地址如下。

http://www.tupwk.com.cn/teaching

(2) 本书同步教学视频的二维码如下。

扫一扫，看视频 　　　　　　　　　　　本书微信服务号

➤ **在线服务，疑难解答，贴心周到，方便老师定制教学教案**

本套丛书精心创建的技术交流 QQ 群(101617400、2463548)为读者提供 24 小时便捷的在线交流服务和免费教学资源。便捷的教材专用通道(QQ：22800898)为老师量身定制实用的教学课件。老师也可以登录本丛书的信息支持网站(http://www.tupwk.com.cn/teaching)下载图书对应的电子课件。

本书内容介绍

《PowerPoint 2016 幻灯片制作案例教程》是这套丛书中的一本，该书从读者的学习兴趣和实际需求出发，合理安排知识结构，由浅入深、循序渐进，通过图文并茂的方式讲解 PowerPoint 2016 幻灯片制作的基础知识和操作方法。全书分为 10 章，主要内容如下。

第 1 章：介绍收集、选择、设置、使用与整理各种 PPT 素材的方法与技巧。

第 2 章：介绍如何通过构思主线逻辑来构思 PPT 内容的方法。

第 3 章：介绍如何通过选择与套用 PPT 模板，制作出优秀 PPT 的思路。

第 4 章：介绍操作 PPT 页面与设计 PPT 中各种常用页面的方法与技巧。

第 5 章：介绍页面排版的基本元素以及常用的排版布局、排版工具和排版操作。

第 6 章：介绍在 PPT 中设置切换动画和自定义动画的各种方法与技巧。

第 7 章：介绍利用表格和图表在 PPT 中呈现数据的方法与技巧。

第 8 章：介绍使用 PowerPoint 软件对 PPT 图片进行细致加工处理的方法与技巧。

第 9 章：介绍通过使用声音、视频、动作按钮、超链接优化 PPT 设置的方法，以及利用各种优化操作，提升 PPT 制作效率的技巧。

第 10 章：介绍使用快捷键和右键菜单在演讲时精确控制 PPT 放映，以及将 PPT 输出为纸质文稿、PDF 文件、图片、视频等其他类型文件的具体操作方法。

读者定位和售后服务

本套丛书为所有从事计算机教学的老师和自学人员而编写，是一套适合于高等院校及各类社会培训学校的优秀教材，也可作为计算机初中级用户的首选参考书。

如果您在阅读图书或使用电脑的过程中有疑惑或需要帮助，可以登录本丛书的信息支持网站(http://www.tupwk.com.cn/teaching)或通过 E-mail(wkservice@vip.163.com)联系，本丛书的作者或技术人员会提供相应的技术支持。

本书分为 10 章，由陕西职业技术学院马晓荣担任主编，陕西职业技术学院李宇博担任副主编。其中，马晓荣编写了第 1~6 章，李宇博编写了第 7~10 章。全书由马晓荣负责统稿。由于编者水平所限，本书难免有不足之处，欢迎广大读者批评指正。我们的邮箱是 huchenhao@263.net，电话是 010-62796045。

"计算机应用案例教程系列"丛书编委会
2018 年 12 月

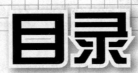

第1章

PPT 素材整理

在使用 PowerPoint 2016 制作 PPT 时，我们会提前做的一件事就是找素材。找素材是一项技能，无论是初涉 PPT 制作的"菜鸟"，还是对 PPT 制作有丰富经验的"大师"，素材的收集与整理是制作 PPT 之前的必备工作。

那么，该如何通过互联网收集并整理一批免费、高清、可商用的 PPT 制作素材呢？本章将详细解答这一问题。

 **本章对应视频** -

例 1-1 快速提取文档中的图片   例 1-3 对 PPT 素材进行分类管理

例 1-2 使用样本模板创建 PPT   例 1-4 使用 PowerPoint 创建素材库

1.1 认识与获取 PPT 素材

素材指的是从现实生活或网络中搜集到的、未经整理加工的、分散的原始材料。这些材料并不是都能加入 PPT 中，但是经过设计者的加工、提炼和改造，并合理地融入 PPT 之后，即可成为为 PPT 主题服务的元素。

做 PPT 时，如果将内容比作灵魂，素材就是骨骼、肌肉和皮囊

1.1.1 图片素材

图片是 PPT 中不可或缺的元素之一，它可以使 PPT 变得有趣，并恰到好处地烘托氛围。在制作 PPT 时，收集并使用清晰、免费、无水印并且与主题相关的图片素材是决定 PPT 成败的关键。

下面将介绍几种获取图片素材资源的方法，以供读者参考。

1. 网站搜索

通过网站搜索 PPT 图片素材是许多人最常用的素材收集手段。目前，以下几个网站可以满足大部分用户制作 PPT 的图片需求。

- www.pixabay.com
- www.pexels.com
- www.unsplash.com
- www.gratisography.com
- foodiesfeed.com
- huaban.com
- sucai.zcool.com.cn

2. 文档提取

对于保存在 Office 软件(例如 Excel、Word 或 PowerPoint 文件)中的图片，用户可以采用以下方法提取其中的图片。

【例 1-1】快速提取文档中包含的图片文件(以 Word 文件为例)。📹视频

step① 打开 Office 文件后，按下 F12 键打开【另存为】对话框，设置文件的保存路径，并将文件保存类型设置为"网页"，然后单击【保存】按钮。

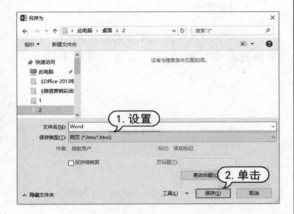

step② 在保存网页文件的位置找到".files"文件夹，双击将其打开即可看到从文档中提取的所有图片。

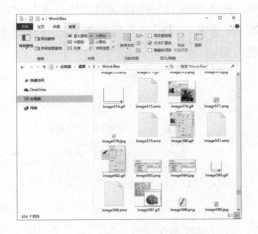

3. 屏幕截图

使用 PowerPoint 的屏幕截图功能，用户可以在幻灯片中插入从屏幕截取的图片。

step① 启动 PowerPoint，选择【插入】选项卡，在【插图】命令组中单击【屏幕截图】按钮。

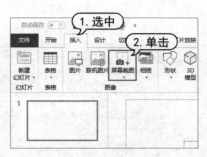

step② 进入屏幕截图状态，拖动鼠标指针截取所需的图片区域即可。

1.1.2　图标素材

在 PPT 设计中，图标虽然小，但能起到指示、提醒、表述等不可忽视的作用。

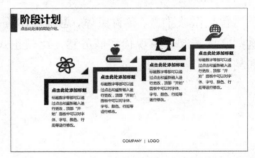

作为 PPT 设计者，如果没有自己的图标库，是一件非常痛苦的事情。下面提供几个可以免费获取图标素材文件的网站。

> http://www.iconfont.cn
> http://pictogram2.com
> https://thenounproject.com
> https://icons8.com
> https://www.iconfinder.com
> https://iconstore.co
> https://www.flaticon.com
> http://instantlogosearch.com
> https://standart.io
> https://ionicons.com

1.1.3　字体素材

在 PPT 中，不同类型的字体呈现给人的视觉印象是不同的，有些字体较清秀，有些字体较生动活泼，还有些字体较稳重挺拔。

由于大部分用户在制作 PPT 时，并不需要了解每种字体的具体特征，因此下面仅列举几种 PPT 中常用的字体类型，以供参考。

1. 黑体

包括微软雅黑、冬青黑体、思源黑体等。这些字体看起来有现代和商务感，比较正式和精致。

2. 圆体

包括幼圆、经典中圆简等。这些字体看起来比较柔和、温暖和细腻。

3. 宋体

包括华文中宋、方正粗宋、新细明体等。此类字体看起来比较文艺、古朴和醒目。

4. 楷体

包括华文楷体，汉仪全唐诗简等，这些字体看起来比较清秀、文艺，接近宋体。

5. 姚体

包括方正姚体、锐字工房云字库姚体等。此类字体看起来很优美，且有点复古的感觉。通常可以用来表现稍微复古一点的主题内容。

6. 行/草书字体

包括禹卫书法行书、方正吕建德字体等。此类字体看起来比较潇洒、自信、有艺术感。通常适合用作表达情感的 PPT 封面或标题。

在 PPT 中使用字体除了要考虑 PPT 的整体风格和版式外，还要注意版权(商用 PPT)。下面提供几个可以搜索字体的网站。

> www.qiuziti.com

> fonts.mobanwang.com

> www.ziticq.com

1.1.4　色彩素材

PPT 整体美观与否，很大的因素在于其配色的统一与色彩素材的使用。在制作 PPT 时，要收集色彩素材的相关参数，可以访问以下几个网站。

> www.58pic.com/peisebiao

> colorhunt.co

> www.webdesignrankings.com/resources/lolcolors

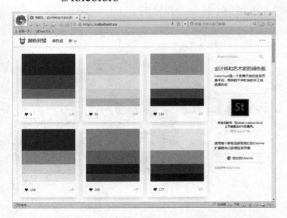

1.1.5　模板素材

对于 PowerPoint 初学者而言，使用一份高质量的 PPT 模板，再结合学到的软件知识，

稍加编辑处理，即可制作出高水平的 PPT 文稿，从而大大节约 PPT 的设计与制作时间。

通常，要获取免费的 PPT 模板，用户可以采用网站下载和 PowerPoint 软件搜索两种方法。

1. 网站下载

常见的 PPT 模板下载网站如下。

> www.officeplus.cn

> www.pptstore.net

> www.tretars.com

> www.yanj.cn

> www.51pptmoban.com

> http://www.koppt.cn

> http://www.ooopic.com

2. 搜索样本模板

样本模板是 PowerPoint 自带的模板中的类型，这些模板将演示文稿的样式与风格，包括幻灯片的背景、装饰图案、文字布局及颜色、大小等均预先定义好。用户在设计演示文稿时可以先选择演示文稿的整体风格，再进行进一步的编辑和修改。

【例 1-2】在 PowerPoint 2016 中，根据样本模板创建 PPT。⊙视频

step 1　单击【文件】按钮，从弹出的菜单中选择【新建】命令，在显示的选项区域的文

本框中输入文本"教育"，然后按下回车键，搜索相关的模板。

step 2 在中间的窗格中显示【样本模板】列表框，在其中双击一个 PPT 模板，在打开的对话框中单击【创建】按钮。

step 3 此时，该样本模板将被下载并应用在新建的演示文稿中。

1.1.6 设计素材

除了图片、字体、配色、模板等，PPT 制作还需要参考排版和页面设计，以提高创作的新意和灵感。常用的设计素材网站如下。

- dribbble.com
- hao.uisdc.com
- www.sccnn.com
- www.tumblr.com
- www.hao123.com/sheji

1.2 选择与使用图片素材

人们天生对图形的信息处理速度远高于文字。在传递同一组信息时，图片往往比文字的体验更好。这也意味着，在 PPT 制作过程中，从素材库中选择一批与主题关联、高质量的图片非常关键。

1.2.1 图片素材的常用格式

PowerPoint 中支持的图片格式非常丰富，共 11 种类型，下面列举最常见的几种。

- jpg：最常见的压缩位图格式，压缩率高文件小，网络资源丰富，获取途径多。缺点是放大多倍会模糊。
- png：压缩的位图格式，支持透明背景，插入 PPT 可以和背景高度自由融合。缺点是文件比较大，不宜大量使用。

- gif：最常见的动图格式，插入 PPT 中的 gif 图片可以自带动画效果。目前微信图文消息中的动图便是这种格式。

▶ 矢量图：矢量图可以任意放大，且可以在 PPT 中进行填充等二次加工。PowerPoint 中支持直接插入的矢量格式包括 wmf 和 emf。

1.2.2　选择图片的 3B 原则

3B 原则是广告大师"大卫·奥格威"提出的一个非常有用的创意原则。

所谓"3B"指的是 Beauty(美女)、Beast(动物)、Baby(婴儿)。据说应用该原则最容易赢得消费者的注意和喜欢。在做 PPT 时，也可以用到这个原则。

1.2.3　应用图片时的两个统一

在 PPT 中使用图片素材时，要注意的两个统一指的是图片内容与版式和页面的统一，即视线统一和风格统一。

1. 视线统一

视线统一通常应用于人物图片排版，如下图所示。

为图片中人物的视线加上两条参考线后，效果如下。

这种人物视线不在一条直线上的效果，即为"视线不统一"。通过裁剪、缩放图片，使人物的视线在一条直线上。

调整之后，即为"视线统一"，效果如下图所示。

2. 风格统一

所谓"风格统一"，指的是在 PPT 中设置多张图片时，应注意图片与图片之间的联系，使其风格接近，如下图所示。

右上角突兀的一张黑白图片，破坏了整个页面的风格统一，替换后效果如下。

1.2.4 使用图片的三种方法

在为 PPT 挑选素材图片时，应根据内容选择能够为内容服务的图片。其中，图片在 PPT 中配合内容最常见的三种方法是留白、虚实和穿插，下面将分别进行介绍。

1. 留白

所谓"留白"就是在选择图片时，选择其中有空白空间的图片，如下图所示。

从上图中我们可以看到，图片的左下方和右边都被"鹿"和"狼"占满了。这样的图，称之为"饱和状态"的图片，因为我们只能将文字内容放在图片的左上角。

又如下图所示的图片。

图片中留白的位置很多，这样的图片可以称为"不饱和状态"的图片。处理此类图片，我们需要寻找一个合适的参考坐标系，来定位文字内容的位置。

2. 虚实

在 PPT 中，用虚实的方法选择并使用图片，可以让页面更具有层次感。如下图所示，用茶园的图片作为背景，使用素材网站上找到的一些树叶图片做虚实对比，可以使整个页面显得更有层次。

3. 穿插

将图片穿插应用在 PPT 中，可以使页面效果更具吸引力，如下图所示。

1.2.5　图片素材的常见问题

在 PPT 中使用图片素材时，一般用户最容易出现的问题有以下几个。

1. 图片过时

曾经火爆一时，被反复使用的图片素材，当再次使用时，可能就显得过时了。如下图所示的 3D 小人。

过时的图片使 PPT 的整体效果显得陈旧，我们可以选择一些有创意的图片来表达

文字的内容，例如下图所示。

2. 图片模糊

有时，通过网络下载的图片可能在网页上显示的效果是清晰的，但将图片放入 PPT 后，就会变得模糊，如下图所示。

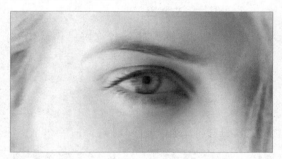

模糊的图片被投射到投影设备上后，会破坏 PPT 的整体效果。因此，在收集图片素材时，一定要确保图片效果是高清的。

3. 图文不符

PPT 中图片使用的第一原则是与主题内容相关。也就是说，配图一定要和内容相关，绝不能在 PPT 中为了用图而用图。如果使用无关的图片，轻则图片会干扰主题的呈现，重则可能误导观众，如下图所示。

4. 图片变形

在设置 PPT 版式时，为了使图文对齐，很多用户会通过拖拉等方式改变图片的长度或宽度，从而导致图片不等比例地拉伸变形。

如果对图片进一步处理，为文字留出了更多的空间，同时增加一些透明的底框以帮助文字突出显示，效果会更好。

5. 图片太过突出

有时，虽然图片的确非常好，但是仍然需要一点修饰以使得内容主题鲜明突出，如下面的图片。

1.3 应用与设计图标素材

在 PPT 中，图标可以使页面效果更有趣、更直观，使主题内容更突出。通过图标组合而成的图片，比大段文字更加生动、形象。本节将主要介绍 PPT 中应用与设计图标效果的方法。

1.3.1 图标素材的分类

图标的设计从大类上可以分两类：象形图标和表意图标。

1. 象形图标

象形图标通过与参考物体类似的构型来传递意义，是目前最流行的图标类型。此类图标包含了很多主流的图标设计风格，包括：线形图标、面形图标、填充图标、手绘图标、拟物图标等。

▶ 线形图标：目前最流行的图标表现风格之一(此类图标通常由一条等粗细度的线条构成)。线形图标的细节非常丰富，在 PPT 中选用线形图标可以起到更多修饰作用(通常此类型的 PPT 页面会更多地使用线形图标)。

▶ 面形图标：一个象形的剪影小色块，视觉上比较有张力，比线形图标有更重的视觉感，但不便于刻画较多细节。面形图标的识别度相对线形图标要高，形状也更饱满。

▶ 填充图标：这种类型的图标可以说是面形图标和线形图标的完美结合，采用线条构型后在内部填充颜色(比较新颖，并且有较多的表现空间)。

▶ 手绘图标：一种手工绘制的图标，这种风格的图标可以天马行空地彰显设计师的表现力，一般应用于特殊的 PPT 主题中。

▶ 拟物图标：拟物图标是乔布斯时代 iOS 的代表设计风格。超现实的拟物效果，结合使用场景进行构型，与手绘图标实现的效果相似。

2．表意图标

表意图标有基本的形状，但是人们无法一眼就知道其指代的含义，需要先了解之后才能明白其中的意义。通常品牌的 logo 多为表意图标。

1.3.2　图标在 PPT 中的作用

不同类型的图标，除了颜色和形状有差别外，还在 PPT 中起到了不一样的作用。

1．强调与突出重点

根据 PPT 主题的内容，添加强关联性的图标，会起到强调重点内容的作用，如下图所示为添加图标后的显示效果。

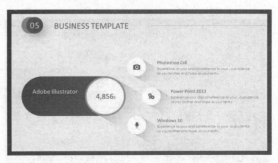

反之,去掉图标后页面可能会比较呆板,内容点会显得分散,如下图所示。

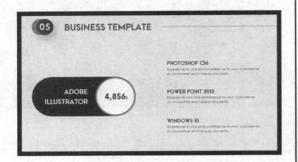

2. 补充解释文字内容

以下图所示的 PPT 为例,右侧的图标部分对每一个分标题进行了说明,可以让观众快速地理解不同的要点所描述的内容。

图标使文字内容一目了然

3. 充实页面效果

当 PPT 页面中的文字较少时,可以适当插入一些图标进行填充,使得页面更加丰富。

4. 配合内容展示数据

使用图标可以更加形象化地展示数据,使 PPT 的页面更加生动形象,同时也可以吸引观众的注意力。

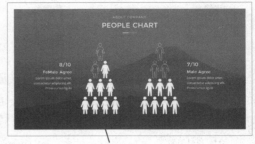

图标使数据可见

5. 统一 PPT 的风格

图标的风格往往能决定整套 PPT 的风格,以下图所示的 PPT 为例,使用线形图标,让页面的风格显得非常统一。

6. 平衡 PPT 页面版式

以下图所示的 PPT 为例,页面左边是图标右边是文字,这样排版能让页面不失衡。

使用图标平衡页面版式

此外，有时使用图标还可以补充 PPT 页面设计的不足之处，如下图所示。

1.3.3 使用图标的基本原则

为使 PPT 效果美观，在使用图标时与使用图片一样，需要遵循一定的基本原则。

1. 契合主题

图标必须要与文字内容相吻合，这是最重要的原则。如果 PPT 中的图标与文字不吻合，即便其设计很好看，也无法为内容服务。如下图所示的页面，虽然图标很美观，但与所表达的主题有些不吻合。

根据文字内容，重新换了一个图标后更贴近主题，效果如下。

2. 简洁美观

所谓简洁美观就是既简单又好看。美观的图标需要做到以下两点。

大小适中

在 PPT 中，无论是单个图标还是多个图标，一定要注意图标的大小要与页面的文字等元素相匹配，如下图所示的页面。

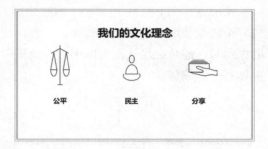

页面中用到了 3 个图标，但其看起来明显是大小不一，如果把三个图标的大小进行统一，效果如下。

为了让图标的效果更美观，还可以为图标添加一点修饰。

另外，在 PPT 设计过程中，如果想让页面内容中突出的重点不同，也可以将图标调整为不同的大小。

颜色匹配

颜色匹配主要包括以下两个方面。

▶ 一是图标的颜色与页面风格相匹配，使整个 PPT 看起来更为统一。

▶ 二是所有图标的颜色保持一致，即除了特殊情况外，所用到的图标的颜色都一样。

1.3.4　应用图标的注意事项

象形图标在 PPT 中通常用于内容修饰、内容指代或装饰，发挥内容修饰、内容指代的作用时，通常会摆放在页面中心，或随着主体有一定偏移。

页面的中心区域

▶ 将图标置于页面中心用于内容修饰，主体信息较多时，通常将图标大小设置为1.5~3cm。

▶ 将图标置于边缘以起到修饰作用时，通常大小设置为 1~1.5cm。

▶ 将图标置于页面中心用于内容指代，

主体信息较少时，通常将图标大小设置为4~5cm。

表意图标在 PPT 中通常是指 logo 或特定修饰元素，logo 在页面中不宜过大，一般设置为 1.5cm 左右，通常会放置在页面的四个边角处，或上下底边的中心处。

logo 图标

此外，图标的合理应用最为核心的部分就是它的统一性。

1. 图标类型的统一

以下图所示的三个图标为例，其中鱼图标是填充类图标，与其他线形图标不同。

统一图标类型后设计感就上了一个层次。

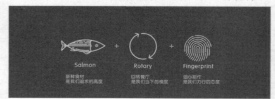

2. 图标粗细的统一

以下图所示的一组图标为例，图标线条粗细不均。

统一添加细线描边后，图标的整体性好了很多。

3. 图标风格的统一

以下图所示的一组图标为例，可以看到这里的处理器的显示风格与其他图标有差别，造成整体视觉感受的混乱。

更换处理器的图标统一风格后，效果好了很多。

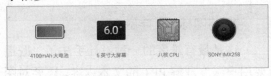

4. 图标大小的统一

不同的形状在视觉上给人的感受是不同的，应用图标时不能追求参考线的绝对对齐，而应以图标面积为主要衡量指标。

5. 图标轮廓的统一

以下图所示的一组图标为例，内部图标都是线描型，外部轮廓有差别。

这里如果将图标的轮廓都统一为圆角六边形，整体效果将会圆润很多。

1.3.5　美化图标的常用方法

PPT 图标的美化主要有两个方向，一是对图标本身进行美化；二是改变图标周围的环境。下面将按照这两个大方向来详细介绍美化图标的具体案例。

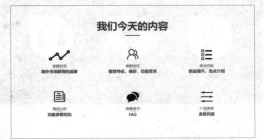

页面中的原始图标

1. 改变颜色

修改图标的颜色是最直接的图标美化方式，黑白的元素过于简约，将图标修改为红色是一个不错的选择。

图标颜色改为红色

2. 加框线

此外，还可以给图标加上框线，在视觉上统一图标的外轮廓，这样可以使图标的效果显得更加整齐统一。

3. 加色块

在图标上添加色块对其做一些改造也可以起到统一视觉的效果。

4. 加阴影

这里的"阴影"不仅仅是指直接给图标加 PPT 自带的阴影，还可以像下图所示的幻灯片那样，复制同样的图标然后在 PowerPoint 中设置柔滑边缘、提高透明度。

5. 加光泽

以下图所示的图标为例，左边的图标是普通的纯色填充，右边的图标则添加了光泽，更有立体感。

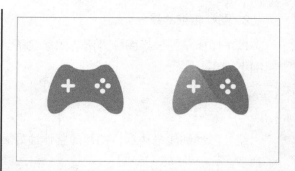

6. 加点缀

在图标的四周增加形状，可以起到点缀的作用。这种做法需要特别注意图标的颜色选择，如下图所示。

7. 将图标与文字融合

这是最有难度的一种设计手法了，既需要用户深度理解 PPT 的文本内容，还要对图标的选择具有一定的经验。

1.4 安装与嵌入字体素材

在 PPT 中，内容的字体和颜色有着独特的魅力。除了文字本身的表达外，选择美观的字体并为其搭配上合适的颜色，可以让整个作品的效果更上一层楼。

1.4.1 选用字体的常识

对于许多新手来说，在 PPT 制作时选择字体是个令人烦恼的过程。从正规传统的字体到各种效果"神奇"的小拐棍儿字体、复活节小兔子字体，PPT 中似乎有着无法掌握的无穷无尽的选择，而且即便可以通过网络找到字体素材，也有着永无止境的列表和推荐，让人摸不着头脑。

实际上，为不同的 PPT 选择合适的字体是一项综合了原则和感觉的工作，需要多年的经验才能实现。下面将介绍运用字体最基本的几个常识。

1. 字体的类型

字体分为衬线字体和无衬线字体。

所谓衬线字体，就是指在字的笔画开始、结束的地方有用于衬托的装饰，笔画的粗细是有变化的。

这类字体一般而言是比较正式的，并且具有线条感。衬线字体适合于浅底深字而不适合于深底浅字，底色过深往往会产生一定的阅读障碍。这一现象在显示屏上阅读还算能接受，但是当放到投影仪上，观众在较远的地方观看时，简直就是一场灾难。

这类字体字形规矩、结构清晰，但最大的特点就是没有明显的特点。因此适合用于各种 PPT 的正文中，这类字体也是各种工作汇报的首选字体，如下所示。

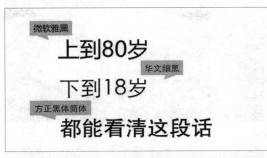

而无衬线字体，指的是没有额外的装饰，而且笔画的粗细差不多的字体。

无衬线字体由于粗细较为一致、无过细的笔锋、没有额外的装饰，因此显示效果往往比衬线字体好，尤其是在远距离观看状态下。

下图所示的文本比较犀利、笔画粗壮，适合用在演讲型的 PPT 中。

2. 字体的选用原则

使用字体，要遵守两个原则：清晰易看，符合风格。其中清晰易看不难理解，就是要在 PPT 中能够显示清晰，容易被观众读取的

字体；而符合风格，则不容易掌握。下面通过几个例子来介绍。

下图所示的文本字体笔画细腻纤长，字形气质优雅，具有科技感和时尚感，适合用于各类高端发布会与女性主题的 PPT 中。

下图所示的书法字体有的清秀细腻，有的大气磅礴，常被用于中国风的 PPT 设计中。

下图所示的字体可爱清新，适用于各种童真风格的 PPT 中，例如幼儿园 PPT 演讲，家教宣讲 PPT 等。

3. 字体选用的注意事项

在 PPT 中选用字体时，用户应注意以下事项。

▶ 正文字体应清晰易看：用于正文中的字体，其结构必须清晰易看。一些特殊字体虽然运用于标题中可以突出重点，彰显 PPT 的风格，但如果将其运用于正文中，就可能会出现下图所示不易阅读的效果。

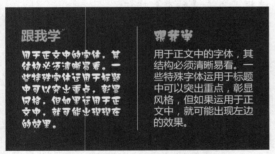

▶ PPT 中的字体数量以两种以内为最佳：PPT 中字体总量控制在两种以内最合适，其中一种运用于标题，另一种则运用于正文。如果在 PPT 中使用了超过两种以上的多种字体，就会制作出以下效果的页面，既不易于阅读也不美观。

▶ 字体字号大小应分得清标题，看得清

正文：在设置字体的字号时，正文字号应能够让观众看得清，标题字号要比正文字号大，能突出显示。

▶ 文字颜色应与 PPT 页面背景颜色对比鲜明：文字的颜色必须与背景颜色对比鲜明。如果背景是纯色的，那么字体的颜色可以参考下图。

如果 PPT 的背景是图片，颜色变化不定，那么可以在文字上创建一个色块，然后再在色块上面放文字，如下图所示。

1.4.2　下载并安装字体

当用户通过素材网站找到合适的 PPT 字体后，可以参考以下方法下载并安装该字体。

step 1　单击网站提供的【字体下载】链接，将字体文件下载到当前电脑中。

step 2 关闭 PowerPoint 软件，双击下载的字体文件。

step 3 在打开的对话框中单击【安装】按钮，即可安装字体。

step 4 启动 PowerPoint，选中一个文本框或一段文字，单击【开始】选项卡【字体】命令组中的【字体】下拉按钮，即可从弹出的下拉列表中找到安装的字体。

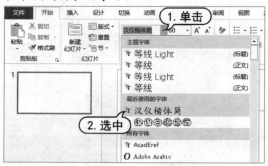

1.4.3 在 PPT 中嵌入字体

在实际工作中，PPT 常常在制作好后在别人的电脑中只能显示 PowerPoint 默认的宋体。这是因为别人的电脑中没有安装 PPT 中所用的字体。要解决这个问题，除了在电脑

中安装字体外，还可以参考下面介绍的方法，在 PPT 中设置嵌入字体。

step 1 选择【文件】选项卡，在弹出的菜单中选择【选项】命令。

step 2 打开【PowerPoint 选项】对话框，在对话框左侧的列表中选择【保存】选项，然后在显示的选项区域中选中【将字体嵌入文件】复选框，单击【确定】按钮。

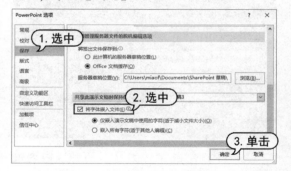

此后，PPT 中将自动嵌入使用的字体，同时 PPT 文件也会变大。

1.4.4 将文字转换为形状

当用户为 PPT 中的文本设置字体后，可以参考以下方法，将文字转换为形状。

step 1 选择【插入】选项卡，单击【形状】下拉按钮，绘制一个形状将文字完全覆盖。

step 2 按住 Ctrl 键先选中页面中的文字再选中形状，选择【格式】选项卡，单击【插入形状】命令组中的【合并形状】下拉按钮，从弹出的下拉列表中选择【相交】选项。

step 3 此时，页面中的文字就变成了形状。

1.5　掌握 PPT 的配色方法

　　PPT 的色彩往往在演示时是最先被人关注的，通过素材和设计网站获取好看的颜色并不难，难的是怎样将各种色彩合理搭配，让 PPT 的页面看起来和谐、统一。

PPT 颜色搭配的好坏会影响作品的质量

1.5.1　PPT 配色的常用方法

　　PPT 中的色彩主要有 4 种：字体色、背景色、主色和辅助色。

　　▶ 字体色：通常为灰色和黑色，如果 PPT 使用黑色背景，字体色也可能使用白色。

　　▶ 背景色：通常为白色和浅灰色，也有一些演讲型 PPT 喜欢使用黑色。

　　▶ 主色：通常为主题色或者 logo 色，主题关于医疗可能就是绿色，关于企业可能就是红色。

　　▶ 辅助色：通常为主色的补充色，作为页面中主色的补充。

　　下面将介绍一些常见的 PPT 配色方法。

黑白灰配色

黑白灰并不属于色轮中的任何一种颜色，但这些颜色在配色上显得很安全。

黑白灰配色非常简洁大气，通过大面积的留白，可以营造出设计感。

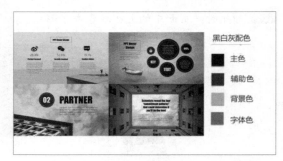

黑白灰+任意单个颜色

黑白灰是目前使用最广的一种配色方式，通常黑色和白色为背景色或者字体色，任意单个颜色为主色。

由于黑色和白色可以归为无色，因此这种配色方式就只有简单的一种颜色，如下图所示。

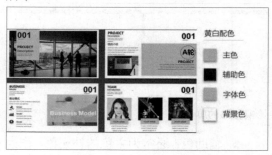

黑白灰+同类色

同类色，指的是颜色的色调一样，只是改变了颜色的饱和度和亮度。换句话说，就是同一种颜色，只是深浅不一样(PPT 默认的配色方案中就有 10 种，每一种都包含 5 种深浅不一的颜色)，如下图所示。

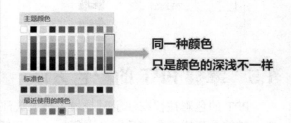

此外，用户还可以在 PowerPoint 中打开自定义调色板，手动更改颜色的亮度和饱和度。

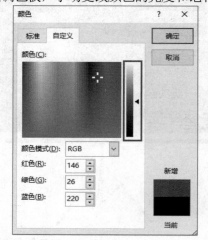

常见的黑白灰+同类色的配色方案，如下图所示。

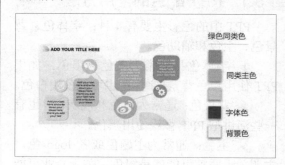

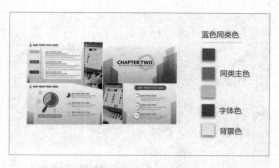

黑白灰+相近色

相近色是指色轮上左右相互邻近的颜色，这种配色很好用，使用范围也比较广。

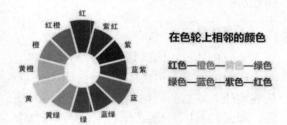

常用的为红配黄、蓝配绿、绿配黄等，这种配色在视觉上比较温和，营造出一种比较舒服的视觉感受，如下图所示。

应用蓝绿渐变色如下。

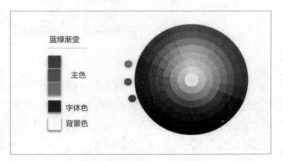

黑白灰+对比色

色轮上呈现 180°互补的颜色即为对比色，如红配绿、橙色配蓝、紫配黄。

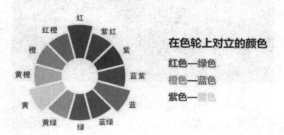

对比色配色在色差上对比强烈，为了吸引注意，有些用户会在一些需要强调某些内容的页面中使用，如下图所示。

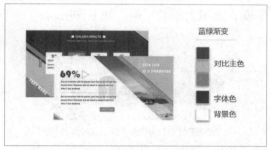

1.5.2　PPT 配色的基本原则

下面将从设计的角度，介绍 PPT 配色的几个基本原则。

1．色彩平衡原则

自然界中让人觉得美的东西，都是由对比产生的，在设计当中亦是如此。没有冷色的存在，也就表现不出暖色的美；没有浅色的使用，也就没有深色一说。如果一个画面中只有一种浅色或者深色，表达就是失衡的，给人的感觉要么单调，要么沉重。

如下图所示，左图使用的颜色都是深色，给人的感觉就比较沉重，压抑。而右图以深色为背景，浅色为点缀，就会让人感觉到有生命力。

然而，如果我们想要 PPT 画面表现出来的效果让人喜欢，让人觉得舒服，那么在设计中就要使用平衡对色。

在平衡对色中，最为常见的为 6 组平衡。其分别是互补色的平衡、冷暖色的平衡、深浅色的平衡、彩色与无色平衡、花色与纯色平衡、面积大小的平衡，如下图所示。

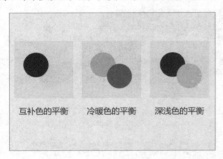

互补色的平衡　　冷暖色的平衡　　深浅色的平衡

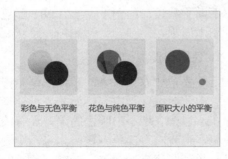

彩色与无色平衡　　花色与纯色平衡　　面积大小的平衡

互补色的平衡

互补色的存在是基于色相环而言的，在色相环上，相互距离 180°的两个色相均为互补关系。

如下图所示，与紫色 180°相对的是黄色，所以紫色与黄色就构成了一组互补关系，这两种颜色搭配起来反差就会特别强烈，更能吸引眼球。

在一些个性比较强烈的 PPT 主题中，可以大胆地使用互补色平衡的方式来构造画面的颜色。

冷暖色的平衡

冷暖色的存在，则是通过人们在长期生活实践中的感受而形成的。红色、橙色、黄色通常让人联想到火焰、太阳，所以称为暖色。而蓝色常让人想到水、冰，所以蓝色给人的感觉是比较冷的。但像绿色、紫色这些颜色，则偏中性。

在设计 PPT 的过程中，我们也要注意冷色和暖色两者的平衡，这样画面的表现力才能得到增强。如下图所示，图中浅蓝色是冷色的一方，浅红色是暖色的一方，两者进行结合，在视觉上就达到了冷暖色的平衡。

深浅色的平衡

深浅色的平衡也是我们进行 PPT 设计时需要非常重视的一个问题。有些人制作出来的作品给人感觉总是有些单调、沉闷，这可能是因为忽略了深浅色的平衡所致。

仍以之前的一组案例进行讲解，灰黑色

与灰蓝色都是深色，所以两者搭配在一起的画面给人的感觉就比较沉闷、老气。

而上面右图中的浅粉色与浅蓝色都是浅色，与背景的灰黑色就形成了鲜明的对比关系，所以右图给人的感觉就更有生命力。

彩色与无色平衡

通常，我们会把黑色、白色、灰色这些不传递情绪的颜色称为无彩色，而把那些能传递情绪的颜色如红色、黄色称为有彩色。

黑色、白色、灰色的魅力非常大，目前大部分高档品的颜色也是以这三种颜色为主。而在设计上，这三种颜色还能与其他颜色进行无缝衔接，包容度非常高。原因很简单，因为它们能够给人带来冷静、理性的感觉，但缺乏情绪的表达，所以跟其他颜色搭配在一起，不仅使画面有了重心，也能相互衬托。

如上图所示的 PPT 页面，在黑色背景之上，有彩色的部分就尤为明显和突出，这样在视觉的传达上就比较好看。

花色与纯色平衡

我们把图案、图像、图表、渐变色等多种颜色叠加在一起的颜色，称为花色。而与花色相对的颜色是纯色，纯色相比于花色而言，颜色较为干净、纯粹，与花色组合在一起就达到了平衡，也符合有张有弛的节奏感。

例如，上图中有多张图片，花色很多，所以背景不宜再使用图片，而应该使用纯色的背景，这样页面中花色与纯色两者才能平衡，相得益彰。

面积大小的平衡

在排版配色中，色彩面积大的颜色在页面中会占据主导位置，但往往不会成为视觉的焦点，因为我们的视觉焦点会习惯放在细小的颜色面积上。

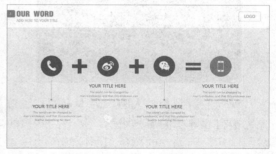

如上图所示，灰色占据整个版面的大部分位置，观众的视觉焦点却是在红色的小图标以及左上角的红色文字上。

因为相比于浅灰色，红色对比度更强，从整个版面来看更加特别，所以在页面中能够抢占观众的注意力。

2. 色彩聚焦原则

观众在观看 PPT 时，往往会对色彩有比较强的依赖感，色彩越突出的颜色，越能够捕获到他们的注意，因而也能引导他们的视线。

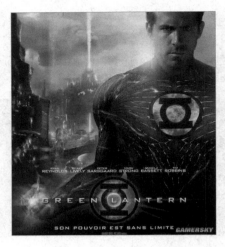

以上图所示的图片为例，在浏览图片时观众的视觉焦点如下图所示。

这样，当观众在阅读该 PPT 页面时，就会先注意到面积小，但颜色突出的红色图标；接着他们的视线会继续寻求相似的物体，也就是左上角的红色文字；其次，才会回到另外三个灰黑色的图标上。

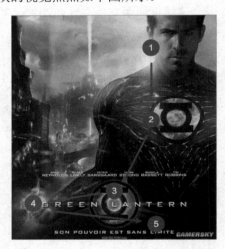

因此，PPT 的色彩设计，不仅仅只是为了让画面变得好看，更重要的是为什么要这样设计，以及设计对信息的表达作用。

这里应该注意的是，在同一页面中聚焦的颜色有一到两种就够了，如果设置了过多的颜色，最后可能造成的结果是页面中什么元素都突出不了，如下图所示。

观众先看到的是人脸，因为人的视线首先会被自己熟悉的事物吸引，接着到胸口的绿色圆环，因为它的颜色跟周围颜色的反差比较大。其次就是画面底下颜色相近的圆环，接着就是左下角发绿色光的拳头，最后才是海报底下的文字。

知道这个法则后，将其应用在 PPT 中可以帮助我们在页面中引导观众视线的移动，从而让重点内容被读者第一时间注意到，加强表达的有效性。

以下图所示的 PPT 页面为例，如果我们想强调页面中的第三项内容，可以给第三项内容换一种彩色，与其他无彩色的内容形成对比关系。

3. 色彩同频原则

以下图为例，图片中天气晴朗并且大海的颜色跟天空的颜色都是蓝色的。

图片的画面非常好看，而且给人的感觉很舒服。把这样的规律运用在色彩设计中，就是色彩的同频。

每一种颜色都有它的色相、饱和度、亮度。比如说同样是蓝色，但由于饱和度不同，我们会把其中一种称为蔚蓝、另一种称为深蓝。

所谓的色彩同频法则，就是指在使用色彩时要么保持色相的一致性，要么保持色调的一致性。

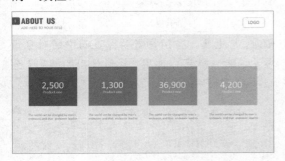

以上图所示的 PPT 页面为例，图中的颜色都是蓝色，也就是色相相同。虽然它们的亮度不同，但在色彩上来说还是同频的，没有跨越到其他色相。随着颜色亮度的递减，页面中的重点和次重点，能够比较清晰地展示在观众的面前。

此外，还有一种同频指的是色调的同频。例如，页面中的颜色都比较淡雅，可以统一使用淡雅的颜色；如果颜色都比较热烈，就统一使用热烈的颜色。

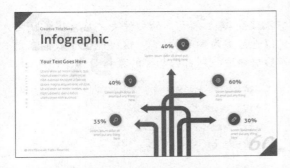

如上图所示，图中配色都比较淡雅，但如果突然增加一种比较强烈的颜色，那么这种颜色就会成为聚焦色，如下图所示。

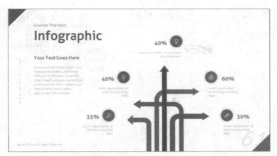

但这里需要注意：如果突出的内容不是重点，这样进行设计就会显得过于突兀，甚至是对整个页面风格的破坏。

另外，色彩同频不仅表现在一页内容的设计上，更表现在整套模板的设计上。如下图所示，整套模板的配色都非常统一，这样作品给人的感觉就比较统一，风格不容易混乱。

1.5.3 使用取色器制作色卡

PowerPoint 软件自带了一种叫作"取色器"的工具，利用该工具用户能够迅速从图片中提取颜色，从而可以将图片或其他 PPT 模板中的颜色提取出来，制作成色卡用于自己的 PPT 中，具体方法如下。

step 1 访问色彩素材网站，打开需要色彩搭配的页面。

step 2 启动 PowerPoint，选择【插入】选项卡，单击【屏幕截图】下拉按钮，从弹出的下拉列表中选择打开的网页，将该网页插入当前幻灯片页面中。

step 3 选中页面中的任意对象，在【开始】选项卡的【字体】命令组中单击【字体颜色】下拉按钮，从弹出的下拉列表中选择【取色器】选项。

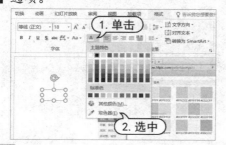

step 4 单击网页截图中的色块，拾取颜色。

step 5 此时，拾取的颜色将被加入 PowerPoint 颜色列表的【最近使用的颜色】列表中。

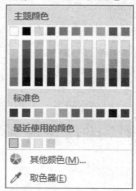

step 6 此后，当用户需要为页面中的对象设置颜色时，就可以使用【最近使用的颜色】列表中从素材网站获取的颜色。

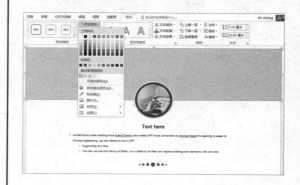

1.6 案例演练

本章介绍了搜集、选择、使用与美化各种 PPT 素材的方法，下面的案例演练部分将主要介绍整理各种 PPT 素材的方法，帮助用户进一步管理素材文件。

【例 1-3】利用素材管理文件夹，对 PPT 素材进行分类管理。

step 1 在整理素材的时候要做的第一件事是建立文件夹并进行分类，再把素材根据分类逐一放入文件夹中。比如模板、图片、图标、字体等，这些都是在 PPT 制作过程中经常用到的，可以根据类型创建分类文件夹。

| 模板 | 图标 | 图片 | 字体 |

step 2 建立完大类的文件夹之后，通常还可以进行更为细致的分类，这样能便于我们在之后快速地找到自己想要的素材，如下图所示。

按主题分：学术答辩、咨询调研...
按风格分：扁平风、iOS风、水墨风...
按动画分：静态、动态...
按色彩分：炫彩、蓝黑、黑金...

step 3 这样，在为 PPT 寻找素材时，就可以有针对性地打开相应的文件夹，同时素材文件整体看上去也会清爽很多。

ios风格　扁平风格　欧美风格　其他　水墨风格

step 4 建立完细致的分类之后就可以将素材逐一放入与其对应的文件夹中。

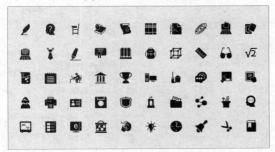

step 5 此时，用户可以建立一个临时文件夹，用于存放素材，等到有时间的时候再把这个临时文件夹的内容逐一归类。

【例1-4】使用 PowerPoint 创建素材库。 ◎ 视频

step 1 启动 PowerPoint 后，按下 Ctrl+N 组合键创建一个新的 PPT 文件，然后选择【文件】选项卡，在弹出的菜单中选择【选项】命令，打开【PowerPoint 选项】对话框。

step 2 在【PowerPoint 选项】对话框左侧的列表中选择【保存】选项，在对话框右侧的选项区域中选中【将字体嵌入文件】复选框和【嵌入所有字符(适于其他人编辑)】单选按钮，然后单击【确定】按钮。

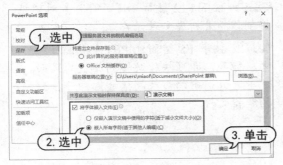

step 3 删除空白 PPT 中软件自动生成的占位符，选择【插入】选项卡，单击【文本】命令组中的【文本框】按钮，在幻灯片中创建一个目录，用于快速查找各种素材。

目录 CONTENTS
图片素材
图标素材
色彩素材

step 4 单击【开始】选项卡【幻灯片】命令组中的【新建幻灯片】按钮，根据目录中的结构在 PPT 中创建若干个空白的幻灯片。

step 5 删除新建空白幻灯片中软件自动生成的占位符，并在页面中插入文本框，标注幻灯片中保存的素材内容。

step 6 选择【插入】选项卡，单击【图像】命令组中的【图片】按钮。

step 7 打开【插入图片】对话框，打开保存图片的文件夹，按下 Ctrl+A 组合键选中所有的图片素材文件，单击【插入】按钮。

step 8 将图片素材插入幻灯片后，调整素材的位置，并拖动素材四周的控制柄，将素材文件缩小，排列在幻灯片页面中。

step 9 当用户需要使用图片素材时，将图片素材复制到其他 PPT 中，单击【格式】选项卡【调整】命令组中的【重设图片】下拉按钮，从弹出的下拉列表中选择【重设图片和大小】选项，将图片恢复到原始大小。

step 10 使用同样的方法，在其他幻灯片中整理图标素材、颜色素材等 PPT 素材。完成后选中 PPT 第 1 张目录幻灯片。

step 11 右击【图片素材】文本框，在弹出的快捷菜单中选择【超链接】命令。

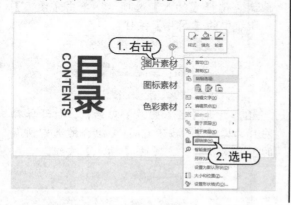

step 12 打开【插入超链接】对话框，在对话框左侧的列表中选择【本文档中的位置】选项，然后在【请选择文档中的位置】列表框中选中保存图片素材的幻灯片，单击【确定】按钮，为文本框设置超链接。

step 13 使用同样的方法为幻灯片中指示其他类型素材的文本框添加超链接。

step 14 当素材文件增加后，用户还可以参考步骤 4 的方法，在 PPT 中创建更多的空白幻灯片用于保存素材，并在目录中对素材的目录进行细化设置，如下图所示。

step 15 按下 F12 键打开【另存为】对话框，将制作的素材库文件保存。

step 16 按下 F5 键预览 PPT，单击目录中的素材标签，即可快速跳转到指定的页面。按下 Esc 键退出幻灯片的播放，即可找到相应的素材文件。

第 2 章

PPT 内容构思

　　在工作中，一个出色的 PPT 文件不在于提供了多少信息，而在于观众能从中理解多少内容。因此，在着手开始制作 PPT 时，构思 PPT 的内容至关重要。

本章对应视频 -

例 2-1 制作 PPT 逻辑结构图

2.1 确定目标

做任何工作都需要有目标，构思 PPT 内容的第一件事，就是要确定 PPT 的制作目标。这个问题不仅决定了 PPT 的类型是给别人看的"阅读型"PPT，还是用来演说的"演讲型"PPT，还决定了 PPT 的观点与主题的设定。

"阅读型"PPT 需要读者自行理解内容

"演讲型"PPT 需要搭配演讲内容

1. 阅读型和演讲型 PPT 的区别

阅读型 PPT 是对一个项目、一些策划等内容的呈现。这类 PPT 的制作是根据文案、策划书等进行的。阅读型 PPT 的特点就是不需要他人的解释读者便能自己看懂，所以其一个页面上往往会呈现出大量的信息。

演讲型 PPT 就是我们平时演讲时所用到的 PPT。在投影仪上使用演讲型 PPT 时，整

个舞台上的核心是演讲人，而非 PPT，因此不能把演讲稿的文字放在 PPT 上让观众去读，这样会导致观众偏于阅读，而不会重视演讲人的存在。

阅读型 PPT 和演讲型 PPT 这两者之间最明显的区别就是：一个字多，一个字少。

2. 确定 PPT 目标时需要思考的问题

由于 PPT 的主题、结构、题材、排版、

配色以及视频和音频都与目标息息相关,因此在制作 PPT 时,需要认真思考以下几个问题:

> 观众能通过 PPT 了解什么?
> 我们需要通过 PPT 展现什么观点?
> 观众会通过 PPT 记住些什么?
> 观众看完 PPT 后会做什么?

只有得到这些问题的答案后,才能帮助我们找到 PPT 的目标。

3. 将目标分层次(阶段)并提炼出观点

PPT 的制作目标可以是分层次的,也可以是分阶段的,如下所示。

> 本月业绩良好:制作 PPT 的目标是争取奖励。
> 本月业绩良好:制作 PPT 的目标是请大家来提出建议,从而进一步改进工作。
> 本月业绩良好:制作 PPT 的目标是获得更多的支持。

在确定了目标的层次或阶段之后,可以制作一份草图或思维导图,将目标中的主要观点提炼出来,以便后期使用。

4. 参考 SMART 原则分析目标

目标管理中的 SMART 原则,分别由 Specific、Measurable、Attainable、Relevant、Time-based5 个词组成。这是制定目标时,必须谨记的五项要点。在为 PPT 确定目标时也可以作为参考。

S(Specific,明确性)

所谓"明确性"就是要用具体的语言,清楚地说明要达成的行为标准。明确目标,几乎是所有成功的 PPT 的一致特点。

很多 PPT 不成功的重要原因之一,就因为其内容目标设定得模棱两可,或没有将目标有效地传达给观众。例如,PPT 设定的目标是"增强客户意识"。这种对目标的描述就很不明确,因为增强客户意识有许多具体做法,比如:

> 减少客户投诉。
> 过去客户投诉率是 3%,把它降低到 1.5%或者 1%。
> 提升服务的速度,使用规范礼貌的用语,采用规范的服务流程等。

有这么多增强客户意识的做法,PPT 所要表达的"增强客户意识"到底是指哪一个方面? 目标不明确就无法评判、衡量。

M(Measurable,可量化)

可量化指的是目标应该有一组明确的数据,作为衡量是否达成目标的依据。如果制定的目标无法衡量,就无法判断这个目标是否能实现。例如,在 PPT 中设置目标是为所有老会员安排进一步的培训管理,其中的"进一步"是一个既不明确,又不容易衡量的概念。到底是指什么? 是不是只要安排了某个培训,不管是什么样的培训,也不管效果好坏都叫"进一步"?

因此,对于目标的可量化设置,我们应该避免用"进一步"等模糊的概念,而从详细的数量、质量、成本、时间、上级或客户的满意度等多个方面来进行。

A(Attainable,可实现)

目标的可实现性是指目标要通过努力可以实现,也就是目标不能确定得过低或过高,过低了无意义,过高了实现不了。

R(Relevant,相关联)

目标的相关联指的是实现此目标与其他

目标的关联情况。如果为 PPT 设置了某个目标,但与我们要展现的其他目标完全不相关,或者相关度很低,那么这个目标即使达到了,意义也不是很大。

T(Time-based,时效性)

时效性就是指目标是有时间限制的,例如,我们将在 PPT 中展现 2020 年 5 月 31 日之前完成某个项目,2020 年 5 月 31 日就是一个确定的时间限制。

没有时间限制的目标没有办法考核。同时,在 PPT 中确定目标时间限制,也是 PPT 制作者通过 PPT 使所有观看 PPT 的观众对目标轻重缓急的认知进行统一的过程。

2.2 分析观众

在确定了 PPT 的制作目标后,我们需要根据目标分析观众,确定他们的身份是上司、同事、下属还是客户。从观众的认知水平构思 PPT 的内容,才能做到用 PPT 吸引他们的眼、打动他们的心、勾起他们的魂。

1. 确定观众

分析观众之前首先要确定观众的类型。在实际工作中,不同身份的观众所处的角度和思维方式都具有很明显的差异,所关心的内容也会有所不同,例如:

▶ 对象为上司或者客户,可能更偏向关心结果、收益或者特色亮点等。

▶ 对象为同事,可能更关心该 PPT 与其自身有什么关系(如果有关系最好在内容中单独列出来)。

▶ 对象为下属,可能更关心需要做什么,以及有什么样的要求和标准。

一次成功的 PPT 演示一定是呈现观众想看的内容,而不是一味站在演讲者的角度呈现想讲的内容。所以,我们在构思 PPT 时需要多从观众的角度出发。这样观众才会觉得 PPT 所讲述的目标与自己有关系而不至于在观看 PPT 演示时打瞌睡。

2. 预判观众立场

确定观众的类型后,我们需要预先对观众的立场做一个预判,判断其对 PPT 所要展现的目标是支持、中立还是反对,例如:

▶ 如果观众支持 PPT 所表述的立场,可以在内容中多鼓励他们,并感谢其对立场的支持,请求给予更多的支持。

▶ 如果观众对 PPT 所表述的内容持中立态度,可以在内容中多使用数据、逻辑和事实来打动他们,使其偏向支持 PPT 所制定的目标。

▶ 如果观众反对 PPT 所表述的立场,则可以在内容中通过对他们的观点的理解争取其好感,然后阐述并说明为什么要在 PPT 中坚持自己的立场,引导观众的态度发生改变。

3. 寻找观众注意力的"痛点"

面对不同的观众,引发其关注的"痛点"是完全不同的,例如:

▶ 有些观众容易被感性的图片或逻辑严密的图表所吸引。

▶ 有些观众容易被代表权威的专家发言或特定人群的亲身体验影响。

▶ 还有些观众关注数据和容易被忽略的细节和常识。

只有把握住观众所注意的"痛点"，才能通过分析了解吸引他们的素材和主题，从而使 PPT 能够真正吸引观众。

4. 分析观众的喜好

不同认知水平的观众，其知识背景、人生经历和经验都不相同。在分析观众时，我们还应考虑其喜欢的 PPT 风格。例如，如果观众喜欢看数据，我们就可以在内容中安排图表或表格，用直观的数据去影响他们。

在 PPT 中用图表呈现数据

5. 考虑 PPT 的播放场合

PPT 播放的场合多种多样，不同的场合

对 PPT 的制作要求也各不相同，例如：

▶ 用于阅读的"阅读型"PPT 可能会要求 PPT 文字更多，字号较小。

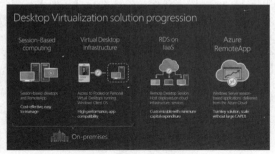

微软公司员工培训的 PPT 就是让人阅读的

▶ 用于演讲的"演讲型"PPT 由于需要在公开场合，通过投影仪播放给较多的观众，因此需要 PPT 中的字体较大，并且尽量使用图片来说明观点和内容。

PPT 的播放场合不同，其设置的风格、结构和主题就完全不同。所以，分析观众时了解其观看 PPT 的场合也很重要。

苹果手机发布会上使用的是全图型结构的 PPT

2.3　设计主题

PPT 的主题决定了 PPT 内容制作的大致方向。以制作一份推广策划方案，或者一份产品的介绍为例，为 PPT 设计不同的主题就好比确定产品的卖点：如果制作市场的推广方案，那么制作这份 PPT 的主题方向就是向领导清晰地传达我们的推广计划和思路；而如果要制作的是某个产品的介绍，那么我们的主题方向就是要向消费者清晰地传达该产品的特点以及消费者使用它能得到什么好处。

根据产品的推广需求设置 PPT 的主题，介绍产品的卖点和性能

1. 什么是好的主题

一个好的主题不是回答"通过演示得到什么"，而是通过 PPT 回答"观众想在演示中听到什么"，或者说要达到沟通目标，需要在 PPT 中表达什么样的观点，才能吸引观众，例如：

▶ 在销售策划 PPT 中，应该让观众意识到"我们的产品是水果，别人的产品是蔬菜"，其主题可能是"如何帮助你的产品扩大销售"。

▶ 在项目提案 PPT 中，主题应该让观众认识到风险和机遇，其主题可能是"为公司业绩寻找下一个增长点"。

为了寻找适合演讲内容的 PPT 主题，我们可以多思考以下几个问题。

▶ 观众的真正需求是什么？
▶ 为什么我们能满足观众的需求？
▶ 为什么是我们而不是其他人？
▶ 什么才是真正有价值的建议？

这样的问题问得越多，找到目标的沟通切入点就越明确。

2. 将主题突出在 PPT 封面页上

好的 PPT 主题应该体现在封面页上。

在实际演示中，如果没有封面页的引导，观众的思路在演讲一开始就容易发散，无法理解演讲者所要谈的是什么话题和观点，如下图所示的封面。

因此，对主题的改进最能立竿见影的就是使用一个好的封面标题，而好的标题应该具备以下几个特点。

➤ 能够点出演示的主题。

➤ 能够吸引观众的眼球。

➤ 能够在 PPT 中制造出兴奋点。

下面举几个例子。

突出关键数字的标题

在标题中使用数字，可以让观众清晰地看到利益点，如下图所示。

未知揭秘的标题

在标题中加入奥秘、秘密、揭秘等词语，引起观众的好奇心。

直指利益型的标题

使用简单、直接的文字表达出演示内容能给观众带来什么利益。

故事型标题

故事型标题适合成功者传授经验时使用，一般写法是从 A 到 B，如下图所示。

如何型标题

使用如何型标题能够很好地向观众传递有价值的利益点，从而吸引观众的注意力，如下图所示。

疑问型标题

使用疑问式的表达能够勾起观众的好奇心，如果能再有一些打破常理的内容，标题就会更加吸引人，如下所示。

关于封面标题文本的设计技巧，在 4.2.2 节中将介绍，这里不再详细阐述。

3. 为主题设置副标题

将主题内容作为标题放置在 PPT 的封面页上之后，如果只有一个标题，有时可能会让观众无法完全了解演讲者需要表达的意图，需要用副标题对 PPT 的内容加以解释。

副标题在页面中能够为标题提供细节描述，使整个页面不缺乏信息量。

不过既然是副标题，在排版时就应相对弱化，不能在封面中喧宾夺主，影响主标题内容的展现。

4. 设计主题包含的各种元素

为一份演示文稿设计主题，除了要确定前面介绍的标题、副标题外，用户还需要系统地规划围绕主题内容需要包含的元素，包括：

▶ 基本的背景设计和色彩搭配。

▶ 封面、目录、正文页、结束页等不同版式的样式。

▶ 形状、图表、图片、文本等图文内容的外观效果。

▶ PPT 内容的结构。

▶ 单页幻灯片上的信息量。

▶ PPT 的切换效果及转场方式。

2.4 构思框架

在明确了 PPT 的目标、观众和主题三大问题后，接下来我们要做的就是为整个内容构建一个逻辑框架，以便在框架的基础之上填充需要表达的内容。

1. 什么是 PPT 中的逻辑

在许多用户对 PPT 的认知中，以为 PPT 做好看就可以了，于是他们热衷收藏各种漂亮的模板，在需要做 PPT 时，直接套用模板，却忽视了 PPT 的本质——"更精准的表达"，而实现精准表达的关键就是"逻辑"。

没有逻辑的 PPT，只是文字与图片的堆砌，类似于"相册"，只会让观众不知所云。

在 PPT 的制作过程中，可以将逻辑简单理解成一种顺序，一种观众可以理解的顺序。

2. PPT 中有哪些逻辑

PPT 主要由三部分组成，分别是素材、逻辑和排版。其中，逻辑包括主线逻辑和单页幻灯片的页面逻辑，是整个 PPT 的灵魂，是 PPT 不可或缺的一部分。

主线逻辑

PPT 的主线逻辑在 PPT 的目录页上可以

看到，它是整个 PPT 的框架。不同内容和功能的 PPT，其主线逻辑都是不一样的，需要用户根据 PPT 的主题通过整理线索、设计结构来逐步构思。

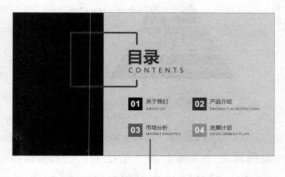

PPT 主线逻辑反映在其目录结构上

页面逻辑

单页幻灯片的页面逻辑，就是 PPT 正文页中的内容，在单页 PPT 里，主要有以下 6 种常见的逻辑关系。

(1) 并列关系

并列关系指的是页面中两个要素之间是平等的，处于同一逻辑层级，没有先后和主次之分。它是 PPT 中最常见的一种逻辑关系。

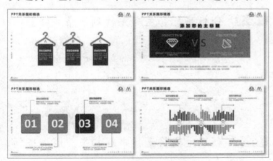

在并列关系中使用最多的就是：色块+项目符号、数字、图标等来表达逻辑关系，如上图所示。

(2) 递进关系

递进关系指的是各项目之间在时间或者逻辑上有先后的关系，它也是 PPT 中最常见的一种逻辑关系。

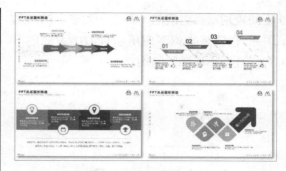

在递进关系中一般用数字、时间、线条、箭头等元素来展示内容。在设计页面时，通常会使用向右指向的箭头或阶梯式的结构来表示逐层递增的效果。

此外，递进关系中也可以用"时间轴"来表示事件的先后顺序。

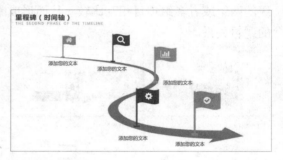

(3) 循环关系

循环关系指的是页面中每个元素之间互相影响，最后形成闭环的一个状态。

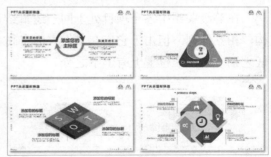

循环关系在 PPT 中最常见的应用是：通过使用环状结构来表达逻辑关系。

(4) 包含关系

包含关系也被称为总分关系，其指的是

不同级别项目之间的一种"一对多"的归属关系(也就是类似下图所示页面中大标题下有好几个小标题的结构)。

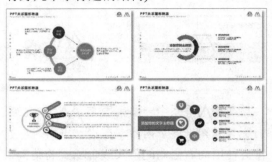

(5) 对比关系

对比关系也称为主次关系，它是同一层级的两组或者多组项目相互比较，从而形成的逻辑关系。

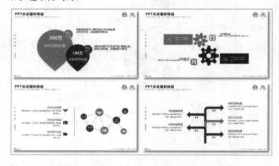

(6) 等级关系

在等级关系中各个项目处于同一逻辑结构，相互并列，但由于它们在其他方面有高低之别，所以在位置上有上下之分。

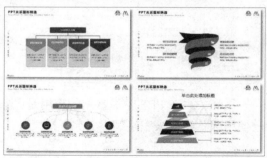

等级关系最常见的形式是PPT模板中的

金字塔和组织架构图，此类逻辑关系一般从上往下等级依次递减。

3. 整理框架线索

在构思 PPT 框架时，我们首先要做的就是整理出一条属于 PPT 的线索，用一条丝线(主线)，将 PPT 中所有的页面和素材，按符合演讲(或演示)的逻辑串联在一起，形成主线逻辑。

我们也可以把这个过程通俗地称为"讲故事"，具体步骤如下。

step 1 根据目标和主题收集许多素材。

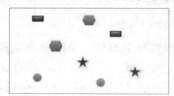

step 2 分析目标和主题，找到一条主线。

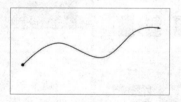

step 3 利用主线将素材串联起来，形成逻辑。

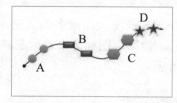

step 4 有时，根据主线逻辑构思框架时会发现素材不足。

缺少

step 5 此时，也可以尝试改变其他的主线串联方式。

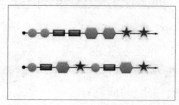

step 6 或者，在主线之外构思暗线。

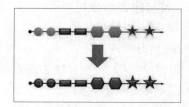

step 7 一个完整的 PPT 框架构思如下。

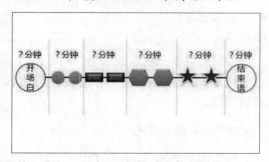

step 8 好的构思可以反复借鉴。

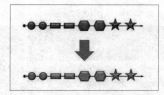

step 9 如果一次演讲，还需要与观众进行互动，则需要安排好 PPT 的演示时间和与观众交流的时间。

在整理线索的过程中，时间线、空间线或结构线都可以成为线索，如下所示。

使用时间线作为线索

以下图所示的页面为例。

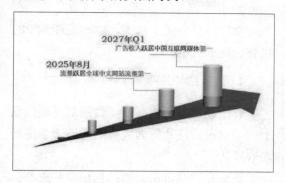

在图中如果使用时间线作为线索，可以采用以下几种方式。

▶ 过去、现在、未来。
▶ 创业、发展、腾飞。
▶ 历史、现状、远景。
▶ 项目的关键里程碑。

使用空间线作为线索

如果以空间线作为线索，可以采用以下几种方式。

▶ 不同的业务区域。
▶ 本地、全国、世界范围的递进。

此外，广义的空间可以包括一切有空间感的线索，不仅仅局限于地理的概念，例如生产流水线、建筑导航图等。

使用结构线作为线索

如果使用结构线作为线索，可以将 PPT 的内容分解为一系列的单元，根据需要互换顺序和裁剪，例如：

▶ 优秀团队。
▶ 主流产品。
▶ 企业文化。
▶ 未来规划。

此外，结构线也可以采取其他的分类方式来作为线索，例如：

▶ 按企业部分分类。

> 按业务范围分类。

> 按客户类型分类。

> 按产品型号分类。

总之，只要善于思考，就一定能为 PPT 找到合适的线索。

4. 设计结构清晰的 PPT 框架

有了线索，下面我们要做的就是使线索上的每一段幻灯片页面能够结构清晰地进行内容表达。

下面介绍几种常见的结构模型和思路。

金字塔结构

金字塔原理是一种突出重点、逻辑清晰、主次分明的逻辑思路、表达方式和规范动作，其基本结构是：中心思想明确，结论先行，以上统下，归类分组，逻辑递进。先重要后次要，先全局后细节，先结论后原因，先结果后过程。

在 PPT 中，应用金字塔原理可以帮助演讲者达到沟通的效果，即突出重点、思路清晰、主次分明，让观众有兴趣、能理解、能接受，并且记得住。

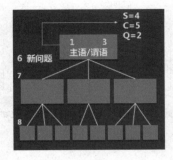

在 PPT 的最顶部填入：

> 1. 准备讨论的主题。

> 2. 准备回答观众头脑中已经存在的问题(关于主题的问题)。

> 3. 对问题的回答方案。

将回答与序言部分对照：

> 4. 列出"情境"。

> 5. 列出"冲突"。

> 2. 判断以上问题及回答是否成立。

确定关键句：

> 6. 以上回答会引起的新问题。

> 7. 确定以演绎法或归纳法回答新问题。如果采用归纳法，需要确定可用于概括的附属名次。

组织支持以上观点的思想：

> 8. 在此层次上重复以上疑问/回答式对话过程。

(2) 自下而上思考

自下而上的思考，即在 PPT 中提出所要表达的思想，找出各种思想之间的逻辑，然后得出演讲者想要的最后结论，如下图所示。

(3) 纵向疑问回答/总结概括

所谓纵向疑问回答，简单地说就是：上

金字塔结构，结论先行

搭建金字塔结构的具体方法如下。

(1) 自上而下表达

所谓自上而下的表达，如下图所示。

一层论点是下一层论点的总结和结论，下一层观点是上一层观点的论据支撑，从上到下逐层展开，从下到上逐层支撑。

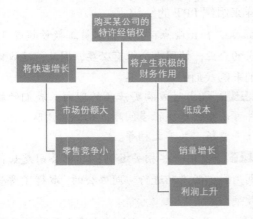

(4) 横向归类分组/演绎归纳

横向的归纳与演绎，使某一层次的表述能够承上启下，确保上下不同层次的内容合乎逻辑，就好像建立下山过程中不同路线的休息站，如下图所示。

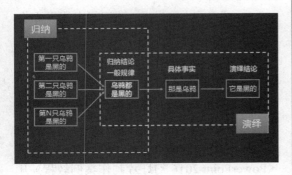

▶ 演绎：确定性推理/三段论(大前提+小前提=结论)，如下所示。

▶ 归纳：概括共性(小前提+小前提+小前提=结论)，如下所示。

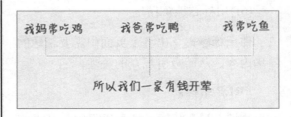

横向思维组织的逻辑顺序，一般有以下几种。

▶ 演绎顺序：大前提、小前提、结论。

▶ 时间(步骤)：第一、第二、第三。

▶ 结构(空间)：北京、上海、厦门。

▶ 程度(重要性)：最重要、次重要等。

(5) 用序言讲故事

我们在构建金字塔结构之前要考虑序言的书写方式。因为在我们试图利用 PPT 向观众传递信息并引起他们的兴趣之前，需要介绍清楚相关的背景资料，以此引导观众了解我们的思维过程并产生兴趣。

序言中应当介绍如下 4 个要素。

▶ 介绍情境(Situation)：在高峰时段，在偏僻的路段，很难打到出租车。

▶ 指出冲突(Complication)：其实在离你很近的地方就有车，只是没向你这边来。

▶ 引发疑问(Question)：很多时候问题不言自明，可以省略。

▶ 给出答案(Answer)：如果有一款App，可以将你的位置通知附近的空车司机，这样就可以很容易找到你。这就是我们开发的软件——××打车。

情景（S）	由听众熟悉的情景引入
冲突（C）	说明发生的冲突
疑问（Q）	引发或者提出疑问
回答（A）	对疑问作出回答

(6) 用标题提炼精华

使用标题提炼出各个页面中需要表达的精华内容，从而吸引观众的关注。

PREP 结构

所谓 PREP 结构，就是 PPT 中最常见的总-分-总结构。该结构适用于各种演讲场合，不论 PPT 内容长短，都可以使用。

➤ 提出立场(Point)：公司白领必须学会如何制作 PPT。

➤ 阐述理由(Reason)：PPT 比 Word 更加直观、领导现在都喜欢 PPT、好的 PPT 可用让你脱颖而出等。

➤ 列举事实(Example)：上个月某某人 PPT 做砸了，绩效被扣了。

➤ 强调立场(Position)：要学好 PPT，不妨购买《PowerPoint 2016 幻灯片制作案例教程》并观看教学视频。

PREP 结构是最简单且最符合我们日常表述习惯的 PPT 结构，它能够顺应听众的疑问进行讲述。

➤ 当我们抛出某种观点后，观众就会产生"为什么你这么说"的疑问。

➤ 然后我们表述我们的理由：1、2、3… 此刻观众又会好奇"你说的是真的吗"。

➤ 于是我们就需要提供实例进行论证。至此，观众没有新的疑问产生。

➤ 最后，我们进行观点的总结，并获得观众的认同。

下面举个例子。例如，我们现在想要通过 PPT 说服客户购买一款办公软件，可以这样来组织 PPT 的结构。

step 1 提出观点：作为一家员工数量超过 15 人的企业，协同办公很有必要，因此，建议你们采购我们的软件产品。

step 2 提出对方购买产品的理由：我们的软件可以帮你解决很多问题，比如，团队网盘、任务看板、共享文档等。

step 3 使用一些相关案例：其他公司是如何利用我们的产品进行协同办公的，取得了哪些效果。

step 4 最后，基于以上讨论再次建议你购买我们的产品。

AIDA 结构

AIDA 是一种按照"注意—兴趣—欲望—行动"的故事线逐步引导他人采取某种行动的表达结构。

➤ 注意(Attention)：还记得上次发布会会上那个精彩的 PPT 吗？

➤ 兴趣(Interest)：要是没有这个 PPT，我们也不可能那么容易说服客户。

➤ 欲望(Desire)：你现在想成为制作 PPT 的高手吗？

➤ 行动(Action)：现在就买一本《PowerPoint 2016 幻灯片制作案例教程》开始学习吧。

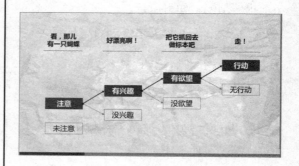

当我们希望别人采取某种我们希望的行动时，往往在说服的过程中具有一定的挑战性，比如，约女神共进晚餐，怎样才能如愿以偿呢？在面对一个难以一下达成的大目标时，通常需要将大目标分拆成若干个小目标，以此逐步逼近最终目标，因为小目标更容易实现。

例如，如何才能约到女神共进晚餐？有人总结出三三法则，每天和女神说三句话，连续三天，然后再约被拒绝的可能性就很小了，这就是拆分目标的套路。

在 PPT 中，使用 AIDA 结构组织的故事线就是一个将最终目标分解成阶段性目标的引导过程：

> 目标一，引起注意。
> 目标二，产生兴趣。
> 目标三，挑动欲望。
> 最后，引导开始行动。

5. 用结构图规划 PPT 框架

在为 PPT 设计结构时，我们需要通过一种直观的方式了解结构，但在 PowerPoint 默认的普通视图、浏览器视图或者阅读视图中，无法做到这一点。

在 PowerPoint 中，用户看到的 PPT 结构如下所示。

普通视图

或者

浏览器视图

又或者

阅读视图

因此，为了能够在设计 PPT 结构的过程中，将我们的思维逐步清晰地表现出来，就应抛弃使用 PowerPoint 中利用视图浏览 PPT 结构的习惯，使用结构图的方式来设计与表现 PPT，如下所示。

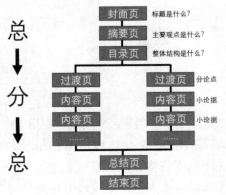

在 PPT 的整体结构构思完成之后，将构思的结果反映到目录页上，可以将目录页看成是整个 PPT 最简明的大纲。

目录页的设计方法并不复杂，用户可以参考 4.3 节介绍的内容，这里不再详细阐述。

2.5 加工信息

在完成 PPT 框架的构思之后，需要在具体的页面中完成对素材信息的加工。就像大堆的蔬菜不会自己变成美味佳肴一样，把各种素材堆砌在一起也做不出效果非凡的 PPT。想要完成 PPT 内容构思的最后一步，用户需要学会如何组织材料。

提炼及加工处理 PPT 内容材料的过程可以分为如下三个环节。

1. 将数据图表化

数据是客观评价一件事情的重要依据，图表是视觉化呈现数据变化趋势或占比的重要工具。当一份 PPT 文件有较多数据支撑时，可以通过图片、图形、图表的使用尽可能地实现数据图表化，如下所示。

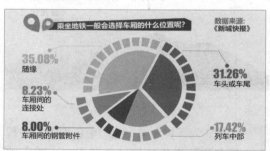

或者

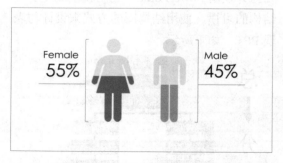

"能用图，不用表；能用表，不用字"，采用该原则能够在 PPT 中增强表达的说服力。

关于利用表格与图表呈现数据的方法，用户可以参考本书第 7 章 "PPT 数据呈现"

介绍的内容，这里不再详细阐述。

2. 将信息可视化

信息可视化指的是将 PPT 的文字信息内容用图片、图标的形式展现出来，使 PPT 内容的呈现更加清晰客观、形象生动，更能吸引观众的眼球，使观众的注意力更加集中，如下所示。

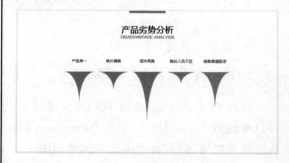

或者

3. 将重点突出化

重点突出化指的是将 PPT 中想要重点传递的内容在排版上表现出来，再通过适当的配色增强视觉冲击，让观众能在第一时间接收到重点信息，强化重点信息在脑海中的印象，如下所示。

▷　使用大小对比的方式。

▷　使用区域对比的方式。

▷　使用色彩对比的方式。

▷　使用字体对比的方式。

▷　使用虚实对比的方式。

▷　使用质感对比的方式。

▷　使用疏密对比的方式。

▷　使用形状对比的方式。

　　此外，以上提到的各种突出重点的对比方式，在 PPT 中还可以组合使用。组合后，层次越丰富，重点越突出，效果就越好。

2.6 案例演练

本章详细介绍了 PPT 内容构思的步骤与方法，下面的案例演练部分将通过一个实例，介绍使用 PowerPoint 制作 PPT 主体逻辑结构图的方法，用户可以通过案例的演练来熟悉 PowerPoint 2016 的基本操作，并巩固所学的知识。

【例 2-1】使用 PowerPoint 制作一个反映 PPT 结构的逻辑图。 📀视频

step 1 按下 Ctrl+N 组合键，创建一个空白 PPT 文档，删除软件默认创建的幻灯片页面中的占位符。

step 2 选择【插入】选项卡，单击【插图】命令组中的【形状】下拉按钮，从弹出的下拉列表中选择【矩形】形状。

step 3 按住鼠标左键，在页面中绘制一个矩形形状，然后右击绘制的形状，在弹出的快捷菜单中选择【编辑文字】命令。

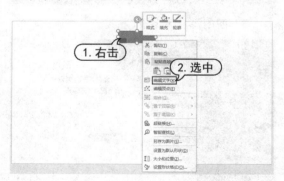

step 4 在矩形形状中输入文字"封面页"，然后选中矩形，按下 Ctrl+D 组合键，将其复制。

step 5 调整复制后矩形形状的位置，分别右击复制的矩形形状，在弹出的快捷菜单中选择【编辑文字】命令，编辑形状中的文本，制作出效果如下图所示的页面。

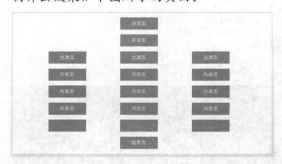

step 6 再次单击【插入】选项卡中的【形状】下拉按钮，从弹出的下拉列表中选择【箭头】选项，在页面中绘制箭头。

step 7 右击绘制的箭头图形，在弹出的快捷菜单中选择【置于底层】命令，然后重复以上操作，在页面中绘制更多的箭头连接矩形，最终实现效果如下图所示的结构图。

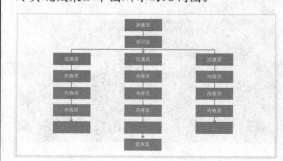

第 3 章

PPT 模板应用

　　大多数人在制作 PPT 时会用到模板，有人是因工作要求的限制，有人是为解燃眉之急，总之，不使用 PPT 模板在一般用户看来似乎就无法制作幻灯片了。然而，直接在 PPT 模板上添加内容有时不仅不会事半功倍，还可能画蛇添足。正确地改造并应用模板也能体现出 PPT 设计制作的水准。

本章对应视频 -

例 3-1 创建自定义 PPT 模板

3.1 PPT 模板的基础知识

对于普通用户而言，在制作 PPT 的过程中使用模板不仅可以提高制作速度，还能为 PPT 设置统一的页面版式，使整个演示效果风格统一。

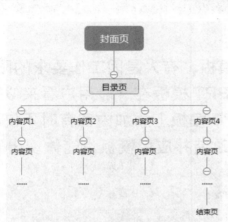

一个完整的 PPT 主要包含封面页、目录页、内容页以及结束页等几部分

3.1.1 认识 PPT 模板

所谓 PPT 模板就是具有优秀版式设计的 PPT 载体，通常由封面页、目录页、内容页和结束页等部分组成。使用者可以方便地对其修改，从而生成属于自己的 PPT 文档。

3.1.2 创建 PPT 模板

在 PowerPoint 中，用户可以将自己制作

好的 PPT 或通过模板素材网站下载的 PPT 模板文件，创建为自定义模板，保存在软件中随时调用，方法如下。

step ① 双击 PPT 文件，将其用 PowerPoint 打开后，按下 F12 键，打开【另存为】对话框。

step ② 单击【另存为】对话框中的【保存类型】下拉按钮，从弹出的下拉列表中选择【PowerPoint 模板】选项，单击【保存】按钮可将 PPT 文档保存为模板。

step ③ 选择【文件】选项卡，在弹出的菜单

中选择【新建】选项，在【新建】选项区域
中选择【自定义】选项。

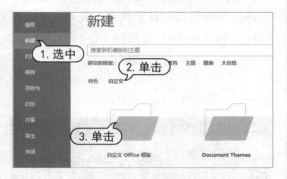

step 4 单击上图中的【自定义 Office 模板】
文件，将显示当前电脑中保存的模板列表。

step 5 在模板列表中选择一种模板，在打开
的界面中单击【创建】按钮，即可在
PowerPoint 中将其打开，并作为一个新建的
PPT 文件编辑内容。

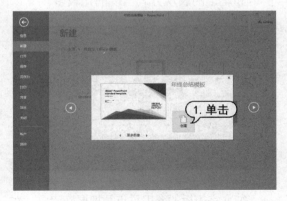

　　在 PowerPoint 中，PPT 模板文件默认保
存在 " C:\Users\用户名\Documents\自定义
Office 模板" 文件夹中。

3.1.3　套用 PPT 模板

　　在 PowerPoint 中使用模板创建 PPT 后，
模板提供的封面页、目录页和结束页仅仅是
单独页面上的设计，用户可以根据自己的喜
好对这些页进行简单的修改，即可使用。而
内容页的情况就不一样了，因为内容页涉及
的内容形式可能会有多种，例如文字、图片、
图表等互相搭配，单纯的模板中的内容页，
在很多情况下不一定能够满足 PPT 设计的
需求。

　　因此，在将模板套用在自己的 PPT 上之
前，我们首先要做的是根据内容页选择模板。
具体有以下几个原则。

　　▷ 配合主题原则：模板要贴合使用 PPT
进行演讲的主题，例如，如果演讲的主题是
"环保"，那么最好选择的模板是偏环保类
的，以绿色模板为主；如果演讲的主题是"科
技"，那么可以选择偏科技感的蓝色模板。

　　▷ 结合文本原则：不同的模板通常对文
本字数的要求也是不一样的，有些模板可以
容纳很多文本，有些模板在设计时就强调简
洁，只能包含不多的文本。因此在选择模板
时要根据 PPT 的制作需求，根据文本内容的
多寡，选择合适的模板。

　　▷ 结合能力原则：PPT 模板虽然可以在
很大程度上减少制作 PPT 的难度，但是其有
一个"致命缺陷"，即模板中的内容页不是
无限的。一般情况下，模板只有几十张内容
页，而用户需要制作的 PPT 内容往往会千变
万化，不一定能够全部套入模板中。因此，
在选择模板时，就需要结合自己的 PPT 制作
能力来选择模板，不能只选择好看的模板，
不考虑对模板修改和编辑的工作难度。

　　在完成 PPT 模板的选择后，即可开始套
用模板制作 PPT。

1. 套用封面页

打开 PPT 模板后，对封面页套用的第一步是将 PPT 文案复制进封面页模板中，利用格式刷复制功能在模板中设置字体格式，并删除模板中多余的文本。

在具体操作中，用户可以右击模板中的封面页，在弹出的快捷菜单中选择【复制幻灯片】命令，先将封面页幻灯片复制一份。

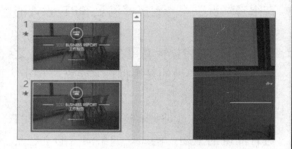

如此，对封面页中的文本进行编辑时，可以使用【开始】选项卡中【剪贴板】命令组中的【格式刷】工具，将复制幻灯片中的文本格式套用至被编辑的幻灯片中。

完成幻灯片的制作后，选中复制的标题页，按下 Delete 键将其删除即可。

2. 套用目录页

PPT 的整体效果是否好看，很大程度上取决于其封面页和目录页是否美观。在套用模板中的目录页时，要根据实际内容的多少，对模板中的目录进行增删。

模板中的 Logo 图标位置

模板目录中的预设文本

3. 套用内容页

PPT 模板中的主要内容都集中在内容页，在套用时应根据模板内容页的类型，填充不同的内容。

文字页

纯文字类的 PPT 页一般以介绍、总结、前言和尾语的表现方式呈现的比较多。

纯文字模板的套用重点是把握好留白、文字之间的排版格式、美化方式和逻辑关系。

图文页

图文页PPT模板的套用除了对文字排版有要求外，对图片的要求也是极高的。

在套用图文类模板时，用户可以在模板中预留的位置使用自己设计的高清图片并为图片添加统一的蒙版和动画效果，以增强页面的设计感(如果图片较多，还可以将页面做成画册式)。

图表页

PPT 模板中的图表页一般用于反映数据的并列、强调、循环、层级、扩散等关系，其设置未必能够满足用户的需求。

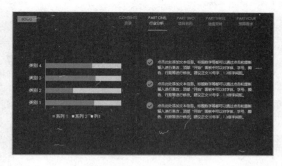

在套用模板时用户可以根据实际情况选择合适的图表模板，或根据数据添加新的图表。

也可以导入 Excel 中制作的图表。

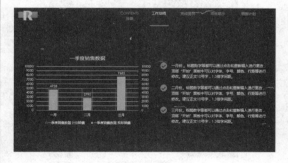

4. 套用结束页

在套用模板的结束页时，用户采用套用封面页相同的方法，在页面中插入图片和文本即可。

总之,在选择与套用PPT模板的过程中,用户需要了解以下一些事项。

▶ 在选择合适的 PPT 模板时,不能只注重模板是否好看,还应考虑模板是否好用,自己有没有能力对其进行编辑。

▶ 套用模板的核心思路是把预先准备好的文本、图片、视频等素材,插入标准化

格式的模板中, 在实际操作时最常用的工具是"格式刷"。

▶ 套用模板的难点在于: 如果准备的素材和模板里中提供的版式不一样,需要根据素材对模板进行编辑,必要时结合素材图片、视频、文本对模板进行重构。

3.2 判断模板优劣的条件

虽然使用模板是非设计专业用户制作 PPT 的入门捷径,也是一个"欣赏-学习-模仿-提高"的完整过程,但由于模板市场(模板素材网站)上 PPT 模板的质量鱼龙混杂、良莠不齐,也给许多新手用户带来了不少困惑。因此,下面将介绍几个判断模板是否优秀的标准,以供用户参考。

1. 风格统一

优秀的PowerPoint模板应该具有统一的设计风格,字体、配色方案要前后保持一致。

2. 分类清晰

分类清晰的PPT模板可以快速定位幻灯片版式, 例如,用户可以在模板中快速找到"关于我们""团队建设"或"服务信息"

等板块幻灯片。

3. 页数没有水分

模板中的页数多并不代表都有用。有些PPT 模板可能包含大量页面,但其中很多页面有水分的,有些页面只是更改了一下配色方案或是字体,也被算进了总数里。

4. 提供使用说明(或配套文件)

一般情况下,用户通过模板网站下载或购买 PPT 模板后,需要对模板的内容进行二次修改,比如更改文字、调整颜色、添加图标等。此时,应通过模板下载(或购买)页面确认模板中是否提供了额外的帮助指南(文本或视频)或字体文件,以确保模板能够正常使用。

许多用户在套用模板后,仍不能得到预期的PPT 效果,就是因为没有正确地使用模板。

3.3　使用模板的注意事项

PPT 设计师在设计模板时，会考虑到模板的风格、场景、字体、配图、内容等诸多问题，他们追求的是模板效果的协调、统一。而大多数普通 PPT 新手在使用模板制作 PPT 时，由于不知道如何去使用模板中的文本框和图片的占位符，加上又不熟悉 PPT 中对齐排列的快捷操作，随意更改文字信息，常常会违背基本的排版规范，很容易导致模板版式错乱，做出的 PPT 效果与模板提供的效果背道而驰。

那么，在使用模板的过程中，用户需要注意些什么呢？下面将详细介绍。

1. 风格的匹配

每一套模板都有自己独有的风格，有的模板偏向科技感，有些偏商务、有些属中国风。所以，在为 PPT 选择模板时，用户首先需要清楚自己要做一个什么主题的内容，然后根据内容选择与之风格相匹配的模板。

例如，在模板素材网站挑选如上图所示商务风格的 PPT 时，要符合公司内部的配色使用规范，如果没有成文的配色手册，一般可以参考公司 Logo、官网和宣传单来获取配色灵感。

此外，对于商务演示，数据可视化非常必要，还要着重观察模板中提供的图表是否合适。

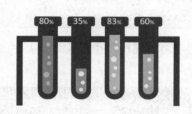

2. 可自由编辑的空间

在选用太过华丽的 PPT 模板时，一定要注意模板的可自由编辑空间，有时此类模板能提供给用户自己修改的地方很少。

3. 模板中的字体

在套用模板制作 PPT 时，用户应确保使用模板提供的字体。正规的模板网站都会提供字体打包文件，以第 1 章模板素材网站中介绍过的演界网(http://www.yanj.cn)为例，该网站提供的模板素材下载文件一般都有字体包，用户只要记得安装即可(安装字体包的方法可参见本书 1.4.2 节的相关内容)。

如果用户是 PPT 制作新手，那么在使用网上下载的模板时，还需要注意 PPT 中的内容字数要和模板中文本框内自带的字数要相匹配，不能超过原模板的文字承载量，如下图所示。

文字超出模板提供的文本框后的效果如下图所示。

如果要表达的文字过多，用户可以将文字内容分段、分页处理，用两页 PPT 呈现。

将多余的文字分段放在下一页。

4. 图片素材的协调感

优质 PPT 模板在整体上具有明显的协调统一感，用户在使用这些协调度很高的 PPT 模板时，如果要更换图片素材，也要保证图片素材的协调统一，例如图片的色调统一。

色调统一效果

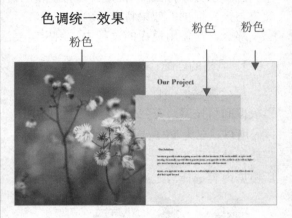

色调不统一效果

如果一定要在页面中使用与模板色调不统一的图片，可以将图片的颜色处理为单色，以此来缓和色彩之间的对抗关系，如下所示。

将图片颜色调整为单色的方法，用户可以参考本书 8.5 节的相关内容。

5. 处理清晰度不足的图片

PPT 模板之所以好看，很大的原因在于其中配图的质量本身就很高，加强了版面的渲染力。

配图

如果要为模板替换低质量的图片，用户最好对图片进行适当的裁剪。例如，要使用下图所示的素材图片。

由于版面所限，将图片缩小放入模板页面后，图片画面主体将无法完整呈现。

此时，用户可以通过裁剪图片，去掉不需要的图像，着重展示图像中的关键信息，渲染气氛。

关于在 PowerPoint 中裁剪图片的方法，用户可以参考本书 8.1 节的相关内容。

6. 调整特殊的图片素材

在模板中使用含有视线、手指、指向标等图片素材时，应通过旋转或拖动操作，改变它们的位置，使其对准画面中心，增强画面的灵动感，如下图所示的页面。

通过旋转图片素材，使其改变方向。

关于在 PowerPoint 中旋转页面元素的方法，用户可参考本书 5.5 节的相关内容。

7. PPT 模板的基本版式

在使用模板时，用户应注意页边距和对齐这两项模板的基本版式。

页边距

在 PPT 模板的版式设置中，页边距虽然没有添加任何信息，但却是页面的重要组成部分。在模板页面中画面主要元素之外的四周就是页边距。

在套用模板时，用户应注意不要使重要的信息超出页边距部分。

对齐

在 PPT 模板中，最常见的对齐方式是左对齐，因为它符合人眼从左到右的视觉习惯。在平面设计中，我们一般称左上角为视觉入点，右下角为视觉出点。所以，当我们在 PPT 模板中进行可读性文字组排版时，应尽量以左对齐的方式进行排版。

在模板中，坚持原 PPT 设计师的对齐方式会让我们的 PPT 页面构图不会犯错，但如果想让 PPT 的效果更出彩，则需要根据 PPT 页面的整体构图来设计元素的对齐方式。

关于在 PowerPoint 中设置与设计元素对齐的具体方法，用户可以参考本书第 5 章内容。

3.4 整理模板中的设计素材

对于经常需要制作 PPT 的用户而言，模板是必不可少的工具。但在实际工作中，一个模板中所提供的版式、图片、图表、图标、字体等素材，未必能够满足 PPT 制作的需求。此时，用户就需要对自己收藏的所有模板进行合理的规整，以方便在需要时快速调用合适的内容。本节将主要介绍整理模板及相关素材的一些经验。

1. 整理字体

在整理 PPT 模板时，用户可以按幻灯片的风格，将同种风格的常见字体搭配整理出来，放在一页或多页 PPT 中，并通过设置将字体嵌入 PPT 保存(具体方法可参见本书第 1 章例 1-4 的操作)。

2. 整理图标

PPT 模板中经常会搭配一些小图标来提升页面整体的质感。图标作为 PPT 制作必备但是又很难找到可自由调色的素材，用户可以在得到一套 PPT 模板后，将其中用到的图标都摘取出来，单独保存。

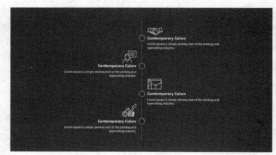

3. 整理图片

优质的 PPT 模板往往会使用精美的图片来进行搭配，这些图片可以作为幻灯片修饰图，也可以作为背景图。当我们得到合适的模板后，通过右击图片，在弹出的快捷菜单中选择【另存为图片】命令，可将其保存到自己的电脑中。

4. 整理图表

在 PPT 中呈现数据除了直接展现数字之外，为表现数据趋势、份额、分布等情况，通常要用到图表。在模板中遇到图表时，可以按条形图、柱状图、饼图、折线图、混合图表等将其整理起来。日积月累后，用户将拥有一个随时可应用在 PPT 中的庞大图表库。

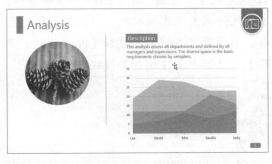

5. 整理 SmartArt

SmartArt 图形是 PPT 内容页排版的利器，在一套完整的 PPT 模板中，或多或少都会用到一些 SmartArt 图形，可将它们按逻辑分类(如流程、从属结构等)整理出来，保存在电脑中，以便在今后的 PPT 制作中随时调用。

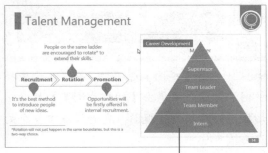

SmartArt 图形

优秀的 PPT 模板，不仅字体使用得体，配图精美，版式设计也是有精心准备的。在处理模板版式时，用户可以抛开模板的内容，将内容部分用相应的矩形色块覆盖，制作出可以看到整个页面的版式设计的幻灯片，并将其整理到一个 PPT 中。将来在制作 PPT 而没有灵感时，可以拿出来作为参考或直接套用。

3.5　案例演练

本章介绍了新手用户通过套用模板制作 PPT 的相关知识与注意事项。在 PowerPoint 中，用户除了可以套用模板外，还可以通过编辑模板的页面创建属于自己的个性化模板。下面的案例演练部分，将通过实例介绍自定义 PPT 模板的具体方法。

【例 3-1】在 PowerPoint 中创建自定义 PPT 模板。　　　🎥 视频+素材 (素材文件\第 03 章\例 3-1)

step 1 通过素材网站，下载 PPT 模板后，双击模板文件，使用 PowerPoint 将其打开。

step 2 选择【视图】选项卡，在【演示文稿视图】命令组中单击【幻灯片浏览】按钮，切换至幻灯片浏览视图，查看模板中包含的页面。

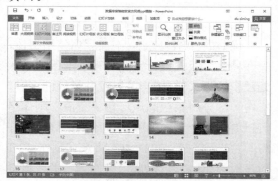

step 3 在幻灯片浏览视图中选中模板中不需要的页面，按下 Delete 键，将其删除。

step 4 单击【视图】选项卡中的【幻灯片母版】按钮，切换至幻灯片母版视图，查看模板文件包含的幻灯片版式。

step 5 在母版视图中，更换版式占位符、图片、形状和背景等元素，使幻灯片母版符合实际应用的需要，然后单击【幻灯片母版】选项卡中的【关闭母版视图】按钮。

step 6 单击【视图】选项卡中的【普通】按钮，切换至普通视图。选择【开始】选项卡，单击【幻灯片】命令组中的【新建幻灯片】下拉按钮，从弹出的列表中查看自定义模板中设置的版式是否需要调整。

step 7 按下 F12 键，打开【另存为】对话框，在【文件名】文本框中输入自定义模板的名称，将【保存类型】设置为【PowerPoint 模板】，然后单击【保存】按钮即可。

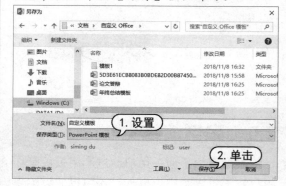

第4章

PPT 页面设计

　　一个完整的 PPT 由许许多多的页面组成，每一个 PPT 页面都包含着制作者的设计理念。利用 PowerPoint 2016 软件，用户完全可以通过改变文字的字体、颜色、版面位置，或是利用线条、简单的图形来修饰页面，从而增加 PPT 整体的设计感。

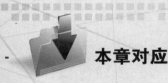 **本章对应视频**

4.1 操作与设置 PPT 页面

在 PowerPoint 中幻灯片是 PPT 播放时显示的页面,是整个演示文稿的重要组成部分。启动 PowerPoint 2016 后,按下 Ctrl+N 组合键创建一个新的 PPT 文档,软件将默认打开下图所示的空白幻灯片,其中包含了模板预设的两个标题占位符。

在学习设计 PPT 页面之前,用户需要掌握在 PowerPoint 中操作 PPT 页面的方法

4.1.1 操作幻灯片

幻灯片是 PPT 的重要组成部分,因此在开始制作 PPT 前需要掌握幻灯片的操作方法,主要包括选取幻灯片、插入幻灯片、移动与复制幻灯片、删除幻灯片等。

1. 插入幻灯片

要在 PPT 中插入新幻灯片,可以在 PowerPoint 中通过【幻灯片】命令组插入,也可以通过右键菜单插入,还可以通过键盘操作插入。下面将详细介绍。

▶ 通过【幻灯片】命令组插入:在 PowerPoint 中选择【开始】选项卡,在【幻灯片】命令组中单击【新建幻灯片】按钮,在弹出的列表中选择一种版式,即可将其作为当前幻灯片插入演示文稿。

▶ 通过右键菜单插入:在幻灯片预览窗格中,选择并右击一张幻灯片,从弹出的快捷菜单中选择【新建幻灯片】命令,即可在选择的幻灯片之后添加一张新的幻灯片。

▶ 通过键盘操作插入：在幻灯片预览窗格中，选择一张幻灯片，然后按 Enter 键，或按 Ctrl+M 组合键，即可快速添加一张新幻灯片(该幻灯片版式为母版默认版式)。

新幻灯片

2. 选取幻灯片

演示文稿由幻灯片组成，在 PowerPoint 窗口左侧的幻灯片列表中，可以参考以下方法选取幻灯片。

▶ 选择单张幻灯片：在 PowerPoint 窗口左侧的幻灯片预览窗格中，单击幻灯片缩略图，即可选中该幻灯片，并在幻灯片编辑窗口中显示其内容。

▶ 选择编号相连的多张幻灯片：单击起始编号的幻灯片，然后按住 Shift 键，单击结束编号的幻灯片，此时两张幻灯片之间的多张幻灯片被同时选中。

▶ 选择编号不相连的多张幻灯片：在按住 Ctrl 键的同时，依次单击需要选择的每张幻灯片，即可同时选中单击的多张幻灯片。

在按住 Ctrl 键的同时再次单击已选中的幻灯片，则可取消选择该幻灯片。

▶ 选择全部幻灯片：按下 Ctrl+A 组合键，即可选中当前演示文稿中的所有幻灯片。

3. 移动与复制幻灯片

在制作 PPT 时，为了调整幻灯片的播放顺序，就需要移动幻灯片。在 PowerPoint 中移动幻灯片的方法如下。

step 1　在幻灯片预览窗格中右击一张幻灯片，从弹出的快捷菜单中选择【剪切】命令，或者按 Ctrl+X 组合键。

step 2　在需要插入幻灯片的位置右击，从弹出的快捷菜单中选择【粘贴选项】命令中的选项，或者按 Ctrl+V 组合键即可。

在制作 PPT 时，为了使新建的幻灯片与已经建立的幻灯片保持相同的版式和设计风格(也就是使两张幻灯片的内容基本相同)，可以利用幻灯片的复制功能，复制出一张相同的幻灯片，然后再对其进行适当的修改。复制幻灯片的方法是：右击需要复制的幻灯片，在弹出的快捷菜单中选择【复制幻灯片】命令。

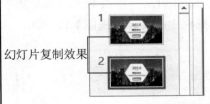

幻灯片复制效果

此外，用户还可以通过鼠标左键拖动的方法来复制幻灯片，方法很简单：选择要复制的幻灯片，按住 Ctrl 键，然后按住鼠标左键拖动选定的幻灯片。在拖动的过程中，会出现一条竖线，表示选定幻灯片的新位置，此时释放鼠标左键，再松开 Ctrl 键，选择的幻灯片将被复制到目标位置。

4. 删除幻灯片

在 PPT 中删除多余的幻灯片是清除大量冗余信息的有效方法。删除幻灯片的方法主要有以下两种。

▶ 在 PowerPoint 幻灯片预览窗格中选择并右击要删除的幻灯片，从弹出的快捷菜单中选择【删除幻灯片】命令。

▶ 在幻灯片预览窗格中选中要删除的幻灯片后，按下 Delete 键即可。

4.1.2 设置幻灯片母版

幻灯片母版是存储有关应用的设计模板信息的幻灯片，包括字形、占位符大小或位置、背景设计和配色方案。

PowerPoint 中提供了 3 种母版，即幻灯片母版、讲义母版和备注母版。

▶ 讲义母版和备注母版：通常用于打印 PPT 时调整格式。

▶ 幻灯片母版：用于批量、快速建立风格统一的精美 PPT。

要打开幻灯片母版，通常可以使用以下两种方法。

▶ 选择【视图】选项卡，在【母版视图】命令组中单击【幻灯片母版】选项。

▶ 按住 Shift 键后，单击 PowerPoint 窗口右下角视图栏中的【普通视图】按钮国。

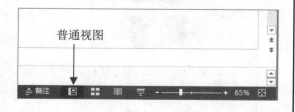

普通视图

打开幻灯片母版后，PowerPoint 将显示如下图所示的【幻灯片母版】选项卡、版式预览窗格和版式编辑窗口。

【幻灯片母版】选项卡

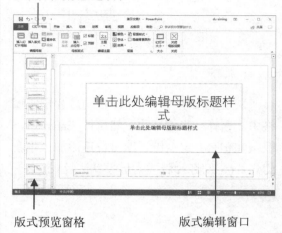

版式预览窗格　　　　　版式编辑窗口

在幻灯片母版中，对母版的设置主要包括对母版中版式、主题、背景和尺寸的设置，下面将分别介绍。

1. 设置与应用母版版式

在上图所示的版式预览窗口中，显示了 PPT 母版的版式列表，其由主题页和版式页组成。

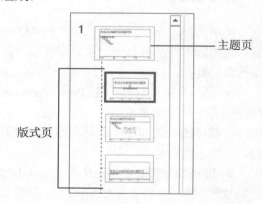

主题页

版式页

设置主题页

主题页是幻灯片母版的母版，当用户为主题页设置格式后，该格式将被应用在 PPT 所有的幻灯片中。

【例4-1】为 PPT 所有的幻灯片设置统一背景。
● 视频

step 1 进入幻灯片母版视图后，在版式预览窗格中选中幻灯片主题页，然后在版式编辑窗口中右击鼠标，从弹出的快捷菜单中选择【设置背景格式】命令。

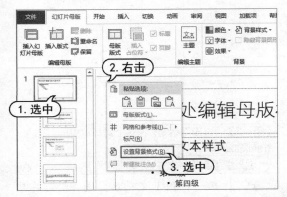

step 2 打开【设置背景格式】窗格，设置任意一种颜色作为主题页的背景。幻灯片中所有的版式页都将应用相同的背景。

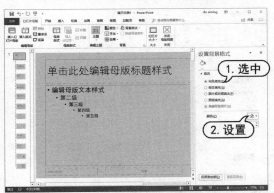

step 3 单击【幻灯片母版】选项卡【关闭】命令组中的【关闭母版视图】选项，关闭母版视图，在 PPT 中所有已存在和新创建的幻灯片也将应用相同的背景。

另外，用户需要注意的是，幻灯片母版中的主题页并不显示在 PPT 中，其只用于设置 PPT 中所有页面的标题、文本、背景等元素的样式。

设置版式页

版式页又包括标题页和内容页，其中标

题页一般用于 PPT 的封面或封底；内容页可根据 PPT 的内容自行设置(移动、复制、删除或者自定义)。

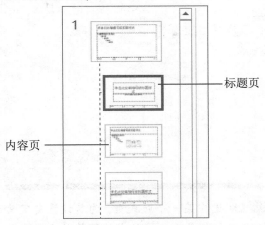

标题页
内容页

【例4-2】在 PPT 母版中调整并删除多余的标题页，然后插入一个自定义内容页。● 视频

step 1 进入幻灯片母版视图后，选中多余的标题占位符后，右击鼠标，在弹出的快捷菜单中选择【删除版式】命令，即可将其删除。

step 2 选中母版中的版式页后，按住鼠标拖动，调整(移动)版式页在母版中的位置。

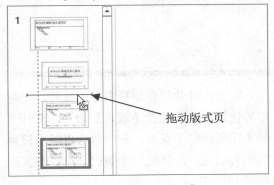

拖动版式页

step ③ 选中某个版式后，右击鼠标，在弹出的快捷菜单中选择【插入版式】命令，可以在母版中插入一个如下图所示的自定义版式。

step ④ 选中某一个版式页，为其设置自定义的内容和背景后，该版式效果将独立存在于母版中，不会影响其他版式。

应用母版版式

在幻灯片母版中完成版式的设置后，单击视图栏中的【普通视图】按钮回即可退出幻灯片母版。

此时，在 PPT 中执行【新建幻灯片】操作添加幻灯片，将只能使用母版中设置的第二个版式页版式来创建新的幻灯片。

右击幻灯片预览窗格中的幻灯片，在弹出的快捷菜单中选择【版式】命令，将打开如下图所示的子菜单，其中包含母版中设置的所有版式，选择某一个版式，可以将其应用在 PPT 中。

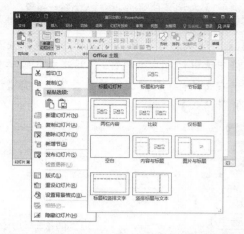

【例 4-3】通过应用版式，在多个幻灯片中同时插入相同的图标。

🎬 视频+素材 (素材文件\第 04 章\例 4-3)

step ① 打开一个 PPT 文档后，进入幻灯片母版，选中其中一个空白版式，然后单击【插入】选项卡中的【图片】按钮，将准备好的图标插入版式中合适的位置上。

step ② 退出幻灯片母版，在幻灯片预览窗格中按住 Ctrl 键选中多张幻灯片，然后右击鼠标，在弹出的快捷菜单中选择【空白】版式。

step 3 此时，被选中的多张幻灯片中将同时添加相同的图标。

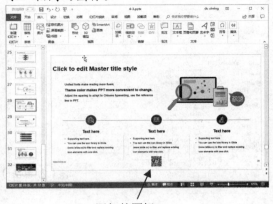

添加的图标

2. 设置母版主题

在【幻灯片母版】选项卡的【编辑主题】命令组中单击【主题】下拉按钮，在弹出的下拉列表中，用户可以为母版中所有的版式设置统一的主题样式。

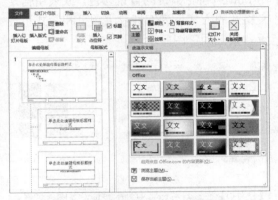

主题由颜色、字体和效果三部分组成。

颜色

在为母版设置主题后，在【背景】命令组中单击【颜色】下拉按钮，可以为主题更换不同的颜色组合。

使用不同的主题颜色组合将会改变色板中的配色方案，同时在 PPT 中使用主题颜色所定义的一组色彩。

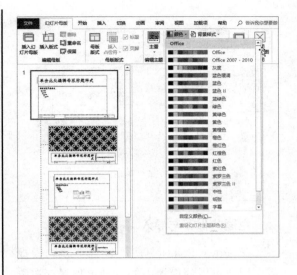

字体

在【背景】命令组中单击【字体】下拉按钮，可以更改主题中默认的文本字体(包括标题、正文的默认中英文字体样式)。

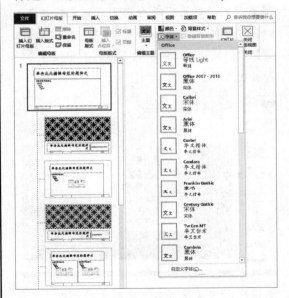

效果

在【背景】命令组中单击【效果】下拉按钮，可以使用 PowerPoint 预设的效果组合，改变当前主题中阴影、发光、棱台等不同特殊效果的样式。

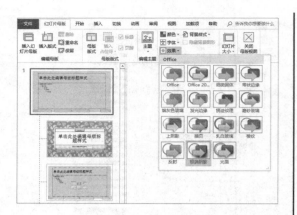

主题的保存与导入

在 PowerPoint 中使用包含主题的模板后，用户可以将模板中的主题单独保存在电脑中并反复使用。

【例4-4】将 PPT 模板中的母版主题保存在电脑中，并将其应用到新建的 PPT 文档。

视频+素材 (素材文件\第 04 章\例 4-4)

step 1 打开网上下载的 PPT 模板文档并进入幻灯片母版，单击【编辑主题】命令组中的【主题】下拉按钮，在弹出的下拉列表中选择【保存当前主题】选项。

step 2 打开【保存当前主题】对话框，设置一个保存主题文档的文件路径后，单击【保存】按钮，将模板中的主题保存。

step 3 按下 Ctrl+N 组合键新建一个 PPT 文档并进入幻灯片母版。

step 4 单击【编辑主题】命令组中的【主题】下拉按钮，在弹出的下拉列表中选择【浏览主

题】选项，打开【选择主题或主题文档】对话框，选中步骤 2 保存的主题文档，然后单击【应用】按钮。

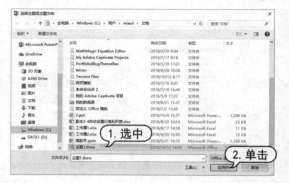

step 5 此时，模板中的主题将被应用到新建的 PPT 文档中。

3. 设置母版背景

PPT 背景基本上决定了 PPT 页面的设计基调。在幻灯片母版中，单击【背景】命令组中的【背景样式】下拉按钮，用户可以使用 PowerPoint 预设的背景颜色，或采用自定义格式的方式，为幻灯片主题页和版式页设置背景，如下图所示。

【例4-5】在幻灯片母版中为标题页设置图片背景，为主题页设置 PowerPoint 预定义背景"样式 2"。

视频+素材 (素材文件\第 04 章\例 4-5)

step 1 按下 Ctrl+N 组合键新建一个 PPT 文档并进入幻灯片母版，选中幻灯片主题页。

step 2 单击【背景】命令组中的【背景样式】下拉按钮，在弹出的下拉列表中选择【样式 2】样式。

step 3 在版式预览窗格中选中标题页，然后再次单击【背景样式】下拉按钮，在弹出的下拉列表中选择【设置背景格式】选项。

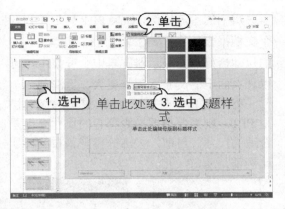

step 4 打开【设置背景格式】窗格,选中【图片或纹理填充】单选按钮,然后单击【文件】按钮。

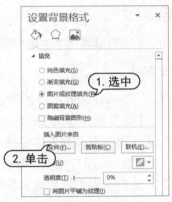

step 5 打开【插入图片】对话框,选择准备好的图片素材文件,单击【打开】按钮。

step 6 退出幻灯片母版,PPT 中各幻灯片的背景效果如下图所示。

4. 设置母版尺寸

在幻灯片母版中,用户可以为 PPT 页面设置尺寸。PowerPoint 2016 中,默认可供选择的页面尺寸有 16:9 和 4:3 两种。

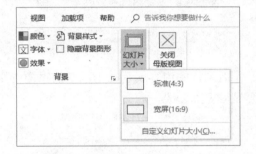

16:9 和 4:3 的差别

在【幻灯片母版】选项卡的【大小】命令组中单击【幻灯片大小】下拉按钮,即可更改母版中所有页面版式的尺寸。

16:9 和 4:3 这两种尺寸相比各有特点。

用于 PPT 封面图片,4:3 的 PPT 尺寸更贴近于图片的原始比例,看上去更自然。

当使用同样的图片在 16:9 的尺寸下时,如果保持宽度不变,用户就不得不对图片进行上下裁剪。

在 4：3 的比例下，PPT 的图形在排版上可能会显得自由一些。

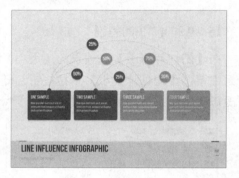

而同样的内容展示在 16：9 的页面中则会显得更加紧凑。

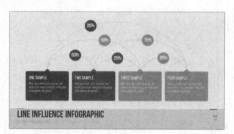

在实际工作中，对 PPT 页面尺寸的选择，用户需要根据 PPT 最终的用途和呈现的终端来确定。

4：3 与 16：9 尺寸在显示器上显示的效果

由于目前 16：9 的尺寸已成为电脑显示器分辨率的主流比例，如果 PPT 只是作为一个文档报告，用于发给观众自行阅读，16：9 的尺寸恰好能在显示器屏幕中全屏显示，可以让页面上的文字看起来更大、更清楚。

但如果 PPT 是用于会议、提案的"演讲"型 PPT，则需要根据投影幕布的尺寸来设置合适的尺寸。目前，大部分投影幕布的尺寸比例都是 4：3 的。

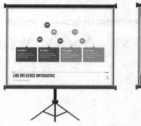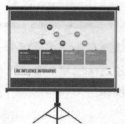

4：3 与 16：9 尺寸在投影幕布上显示的效果

自定义尺寸

除了使用 PowerPoint 提供的默认尺寸外，在【大小】命令组中单击【幻灯片大小】下拉按钮，从弹出的下拉列表中选择【自定义幻灯片大小】选项，用户可以在打开的【幻灯片大小】对话框中为幻灯片设置信纸、分类账纸张、A3、A4 等其他尺寸。

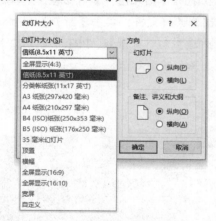

此时，需要特别说明的是，当用户在不同的页面尺寸之间设置相互改变时，PowerPoint 会打开下图所示的提示对话框，提示用户改变 PPT 尺寸后是最大化地显示

PPT 内容，还是按比例缩小 PPT 内容，此时：

▶ 如果选择【最大化】选项，PPT 会切掉页面左右两边的内容，强行显示最大化内容。

▶ 如果选择【确保适合】选项，PPT 会按比例缩放内容，在页面的上方和下方增加黑的边框。

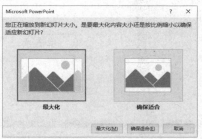

4.1.3　使用占位符

占位符是设计 PPT 页面时最常用的一种对象，几乎在所有创建不同版式的幻灯片中都要使用占位符。占位符在 PPT 中的作用主要有以下两点。

▶ 提升效率：利用占位符可以节省排版的时间，大大提升了 PPT 制作的速度。

▶ 统一风格：风格是否统一是评判一份 PPT 质量高低的一个重要指标。占位符的运用能够让整个 PPT 的风格看起来更为一致。

在 PowerPoint【开始】选项卡的【幻灯片】命令组中单击【新建幻灯片】按钮，在弹出的列表中用户可以新建幻灯片，在每张幻灯片的缩略图上可以看到其所包含的占位符的数量、类型与位置。

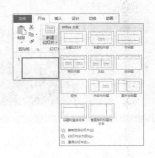

例如，选择名为【标题和内容】的幻灯片，将在演示文稿中看到如下图所示的幻灯片，其中包含两个占位符：标题占位符用于输入文字，内容占位符不仅可以输入文字，还可以添加其他类型的内容。

内容占位符中包含 6 个按钮，通过单击这些按钮可以在占位符中插入表格、图表、图片、SmartArt 图形、视频文件等内容。

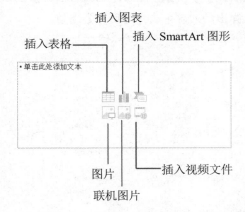

掌握了占位符的操作，就可以掌握制作一个完整 PPT 内容的基本方法。下面将通过几个简单的实例，介绍在 PPT 中插入并应用占位符，制作风格统一的 PPT 文档的方法。

1. 插入占位符

除了 PowerPoint 自带的占位符外，用户还可以在 PPT 中插入一些自定义的占位符，增强 PPT 的页面效果。

【例 4-6】利用占位符在 PPT 的不同页面中插入相同尺寸的图片。

视频+素材 (素材文件\第 04 章\例 4-6)

step 1 打开 PPT 文档后，选择【视图】选项卡，在【母版视图】命令组中单击【幻灯片母版】选项，进入幻灯片母版视图，在窗口左侧的幻灯片列表中选中【空白】版式。

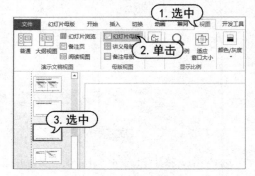

step 2 选择【幻灯片母版】选项卡，在【母版版式】命令组中单击【插入占位符】按钮，在弹出的列表中选择【图片】选项。

step 3 按住鼠标左键，在幻灯片中绘制一个图片占位符，在【关闭】命令组中单击【关闭母版视图】按钮。

step 4 在窗口左侧的幻灯片列表中选择第 1 张幻灯片，选择【插入】选项卡，在【幻灯片】命令组中单击【新建幻灯片】按钮，在弹出的

列表中选择【空白】选项。

step 5 选中插入的第 2 张幻灯片，该幻灯片中将包含步骤 3 绘制的图片占位符。单击该占位符中的【图片】按钮。

step 6 在打开的【插入图片】对话框中选择一个图片文件，然后单击【插入】按钮。

step 7 此时，即可在第 2 张幻灯片的占位符中插入一张图片。重复以上操作，即可在 PPT 中插入多张图片大小统一的幻灯片。

2. 运用占位符

在 PowerPoint 中占位符的运用可归纳为以下几种类型。

▶ 普通运用：直接插入文字、图片占位符，目的是提升 PPT 制作的效率，同时也能够保证风格统一(如例 8-1 制作的 PPT，就是用普通占位符设计而成的)。

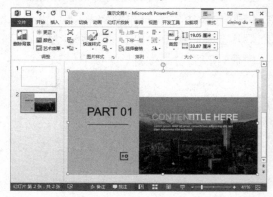

▶ 重复运用：在幻灯片中通过插入多个

占位符，并灵活排版制作如下图所示的效果。

▶ 样机演示：即在 PPT 中实现电脑样机效果，如下图所示。

【例4-7】在幻灯片的图片上使用占位符，制作出样机演示效果。

🔑 视频+素材 (素材文件\第 04 章\例4-7)

step 1 按下 Ctrl+N 组合键，创建一个空白演示文稿，切换至幻灯片母版视图。

step 2 在窗口左侧的列表中选择【空白】版式。选择【插入】选项卡，在【图像】命令组中单击【图片】选项，在幻灯片中插入一个如下图所示的样机图片。

step 3 选择【幻灯片母版】选项卡，在【母版版式】命令组中单击【插入占位符】选项，在弹出的列表中选择【媒体】选项，然后在幻灯片中的样机图片的屏幕位置绘制一个媒体占位符。

step 4 在【幻灯片母版】选项卡中单击【关闭母版视图】按钮，关闭母版视图。选择【开始】选项卡，在【幻灯片】命令组中单击【新建幻灯片】按钮，在弹出的列表中选择【空白】选项，在 PPT 中插入一个如下图所示的幻灯片。

step 5 单击幻灯片中占位符内的【插入视频文件】按钮🎬，在打开的对话框中选择一个视频文件，然后单击【插入】按钮，即可在幻灯片中创建如下图所示的样机演示效果。

3. 调整占位符

调整占位符主要是指调整其大小。当占位符处于选中状态时，将鼠标指针移动到占位符右下角的控制点上，此时鼠标指针变为 形状。按住鼠标左键并向内拖动，调整到合适大小后释放鼠标即可缩小占位符。

另外，在占位符处于选中状态时，系统会自动打开【视频工具】的【格式】选项卡，在【大小】命令组的【形状高度】和【形状宽度】文本框中可以精确地设置占位符的大小。

当占位符处于选中状态时，将鼠标指针移动到占位符的边框时将显示 形状，此时按住鼠标左键并拖动占位符到目标位置，释放鼠标后即可移动占位符。当占位符处于选中状态时，可以通过键盘方向键来移动占位符的位置。使用方向键移动的同时按住 Ctrl 键，可以实现占位符的微移。

4. 旋转占位符

在设置演示文稿时，可将占位符设置为任意角度旋转。选中占位符，在【格式】选项卡的【排列】命令组中单击【旋转对象】按钮，在弹出的下拉列表中选择相应选项即可实现按指定角度旋转占位符。

若在上图所示的列表中选择【其他旋转选项】选项，在打开的【设置形状格式】窗格中，用户可以自定义占位符的旋转角度。

通过旋转占位符，我们可以配合各种样机素材图片，制作出倾斜的样机演示效果。

【例 4-8】在幻灯片的图片上使用占位符，制作出倾斜效果的样机演示图。 视频

step 1 切换至幻灯片母版视图，在窗口左侧的列表中选择【空白】版式。

step 2 在幻灯片编辑窗口中右击鼠标，在弹出的快捷菜单中选择【设置背景格式】命令，打开【设置背景格式】窗格。

step 3 在【设置背景格式】窗格中选中【图片或纹理填充】单选按钮，然后单击【文件】按钮，在打开的对话框中选择一个图片按钮，并单击【打开】按钮，为幻灯片设置一个背景图片。

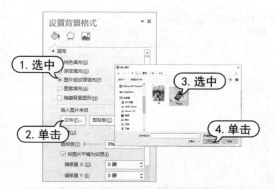

step 4 选择【幻灯片母版】选项卡，在【母版版式】命令组中单击【插入占位符】按钮，在弹出的列表中选择【图片】选项，然后拖动鼠标在幻灯片中绘制一个如下图所示的图片占位符。

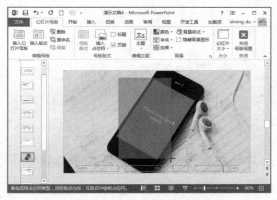

step 5 在【格式】选项卡的【排列】命令组中单击【旋转对象】按钮，在弹出的下拉列表中选择【其他旋转选项】选项。

step 6 在打开的【设置形状格式】窗格中，调整【旋转】文本框中的参数，即可使幻灯片中的占位符发生旋转，使其适应背景图片中的手机屏幕。

step 7 在【幻灯片母版】选项卡中单击【关闭母版视图】按钮，关闭母版视图。选择【开始】选项卡，在【幻灯片】命令组中单击【新建幻灯片】按钮，在弹出的列表中选择【空白】选项，插入一个空白幻灯片。

step 8 单击幻灯片中占位符上的【图片】按钮，在打开的对话框中选择一个图片后，单击【插入】按钮即可在幻灯片中插入下图所示效果的图片。

5. 对齐占位符

如果一张幻灯片中包含两个或两个以上的占位符，用户可以通过选择相应命令来左对齐、右对齐、左右居中或横向分布占位符。

在幻灯片中选中多个占位符，在【格式】选项卡的【排列】命令组中单击【对齐对象】按钮，此时在弹出的下拉列表中选择相应选项，即可设置占位符的对齐方式。下面用一个实例来进行介绍。

【例4-9】居中对齐幻灯片中的占位符。

视频+素材(素材文件\第 04 章\例 4-9)

step 1 在幻灯片母版视图中，选择窗口左侧列表中的【空白】版式，然后在【幻灯片母版】选项卡的【母版版式】命令组中单击【插入占位符】按钮，在幻灯片中插入下图所示的 4 个图片占位符，并按住 Ctrl 键将其全部选中。

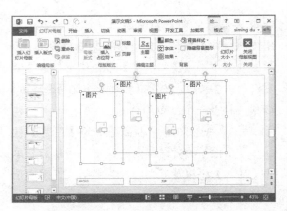

step 2 选择【格式】选项卡，在【对齐】命令组中单击【对齐对象】按钮，在弹出的列表中先选择【对齐幻灯片】选项，再选择【顶端对齐】选项。

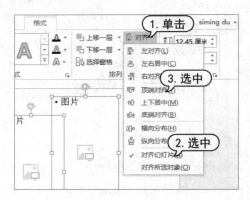

step 3 此时，幻灯片中的 4 个占位符将对齐在幻灯片的顶端，效果如下图所示。

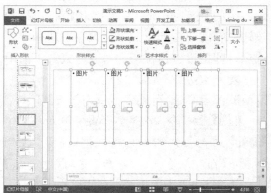

step 4 重复步骤 2 的操作，在【对齐】列表中选择【横向分布】选项，占位符的对齐效果如下图所示。

step 5 重复步骤 2 的操作，在【对齐】列表中选择【上下居中】选项，占位符的对齐效果如下图所示。

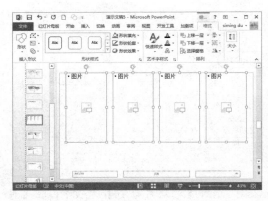

step 6 此时，幻灯片中的 4 个占位符将居中显示在幻灯片正中央的位置上。

step 7 在【幻灯片母版】选项卡中单击【关闭母版视图】按钮，关闭母版视图。选择【开始】选项卡，在【幻灯片】命令组中单击【新建幻灯片】按钮，在弹出的列表中选择【空白】选项，在 PPT 中插入一个如下图所示的空白幻灯片。

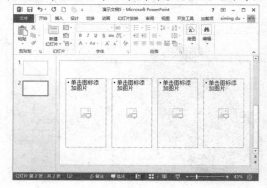

step ⑧ 分别单击幻灯片中 4 个占位符上的【图片】按钮⬚，在每个占位符中插入图片，即可制作出如下图所示的幻灯片效果。

另外，利用【对齐对象】功能还能够设置将幻灯片中的占位符对齐于某个对象，或将幻灯片中的对象对齐于占位符。例如，在上图的幻灯片中插入一个文本框，按住 Shift 键的同时选中一个占位符和文本框。

选择【绘图工具】|【格式】选项卡，在【排列】命令组中单击【对齐对象】按钮⬚，在弹出的列表中先选择【对齐所选对象】选项，再选择【左右居中】选项。

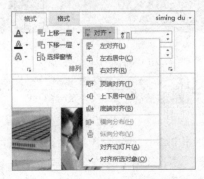

此时，幻灯片中的文本框将自动对齐于

选中的占位符。重复同样的操作，可以在幻灯片中为占位符添加更多的对齐对象，效果如下。

6. 改变占位符的形状

在 PowerPoint 中，默认创建的占位符是矩形的。但如果想在 PPT 中让占位符呈现各种不同的形状，可以通过对占位符的布尔运算来实现。

【例 4-10】创建一个圆形的图片占位符。

🔴 视频+素材 (素材文件\第 04 章\例 4-10)

step ① 在幻灯片母版视图中，选择窗口左侧列表中的【空白】版式，然后在【幻灯片母版】选项卡的【母版版式】命令组中单击【插入占位符】按钮，在幻灯片中插入一个图片占位符。

step ② 选择【插入】选项卡，在【插图】命令组中单击【形状】按钮，在弹出的列表中选择【椭圆】选项，在幻灯片中的占位符之上绘制一个圆形图形。

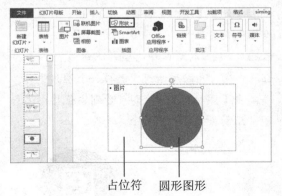

　　　　　占位符　　圆形图形

step ③ 按住 Shift 键，先选中幻灯片中的占位符，再选中幻灯片中的圆形图形。

PowerPoint 2016 幻灯片制作案例教程

step 4 在【格式】选项卡的【插入形状】命令组中单击【合并形状】按钮,在弹出的列表中选择【相交】选项。

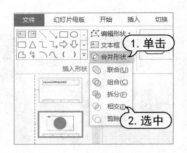

step 5 此时,即可在幻灯片中得到一个如下图所示的圆形占位符。

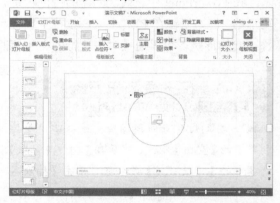

step 6 在【关闭】命令组中单击【关闭母版视图】按钮,关闭母版视图。

step 7 选择【开始】选项卡,在【幻灯片】命令组中单击【新建幻灯片】按钮,在弹出的列表中选择【空白】选项,在PPT中插入一个空白幻灯片。

step 8 单击幻灯片中占位符内的【图片】按钮,在打开的对话框中选择一个图片文件,并单击【插入】按钮,即可看到占位符中添加图片后的效果。

利用以上实例介绍的方法,我们可以根据需要设计出各种不同的占位符效果。例如,下图页面中所包含的圆。

或者,是一些三角形占位符。

甚至可以是一些不规则的矩形占位符。

此外,还可以制作出文本形状的占位符。

【例4-11】创建一个文本形状的占位符。

视频+素材（素材文件\第04章\例4-11）

step 1 在母版视图中选择【空白】版式后,在幻灯片中插入一个图片占位符,选择【插入】选项卡,在【文本】命令组中单击【文本框】按钮,插入一个文本框,并在其中任意输入一个字。

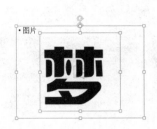

step 2 按住 Shift 键，先选中幻灯片中的占位符，再选中幻灯片中的文本框。在【格式】选项卡的【插入形状】命令组中单击【合并形状】按钮，在弹出的列表中选择【相交】选项。

step 3 此时，即可在幻灯片中得到一个如下图所示的文字形状的占位符。

step 4 在【关闭】命令组中单击【关闭母版视图】按钮，关闭母版视图。在 PPT 中插入一个空白版式的幻灯片，单击幻灯片中图片占位符中的【图片】按钮，在占位符中插入图片，可以得到下图所示的效果。

7. 设置占位符的属性

在 PowerPoint 中，占位符、文本框及自选图形等对象具有相似的属性，如对齐方式、颜色、形状样式等，设置它们属性的操作是相似的。选中占位符时，功能区将出现【格式】选项卡。通过该选项卡中的各个按钮和命令，即可设置占位符的属性(方法与 Word 软件中设置图片的属性类似)。

4.2　设计封面页

一个完整的 PPT 包括封面页、目录页、内容页和结束页等页面。其中，封面页作为 PPT 的起始页，是决定演示效果的关键。因此，在 PPT 页面设计中，封面页的设计非常重要。一个好的封面展示能起到吸引观众注意力，引起观众共鸣的作用。

4.2.1　封面背景的设计

在 PowerPoint 母版视图中，用户可以在主题页下插入 PPT 的封面页。

封面页

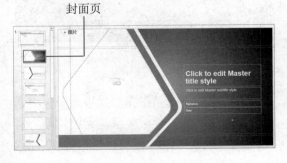

PPT 的封面页通常由背景、占位符、标题和各种修饰元素组成。其中，封面背景一般分为纯色背景、渐变背景、磨砂质感背景、低面背景、图片背景、照片墙背景 6 种。通常在制作 PPT 时，我们会根据演示的场景需求选择不同类型的封面背景，例如纯色背景常用于学术报告、毕业答辩等比较严谨、庄重的场合；深色的渐变背景常用于产品发布会等。下面所示为各种类型背景在 PPT 中的应用效果。

纯色背景

渐变背景

磨砂质感背景

低面背景

图片背景

照片墙背景

在以上所有类型的封面背景中，我们平时最常见，也最容易制作的背景为图片背景。下面将重点介绍图片背景的设计与处理技巧。

1. 选择图片作为背景

在选择封面图片时，最重要的原则是：高清无码，吻合主题。

2. 设置蒙版修饰背景

所谓蒙版，就是在图片上添加一层半透明的图形，起到的效果就像是为图片贴一层膜。蒙版是 PPT 中最常用且最简单的图片修饰手段。高清的图片能使页面更加丰富有内涵，而半透明蒙版主要是为了保证文字阅读不受障碍。以上图所示的封面背景图为例，在页面中如果不添加蒙版而直接设置封面标题，效果如下图所示。

为图片增加蒙版后，效果如下图所示。

此外，在蒙版的基础上用户还可以设置渐变，制作出效果如下图所示的渐变蒙版，使页面的设计感进一步增强。

关于蒙版的创建与设置，用户可以参见本书第 8 章的相关内容。

3. 利用形状分割背景

当我们制作 PPT 封面页时，经常会碰到

一种情况，就是文字无论如何放置都会被背景所影响。此时，如果借助一些形状来承载文字，就可以保证封面页中文字的易读性，如下图所示。

4.2.2　标题文本的设计

PPT 封面中漂亮的图片、有创意的设计或是震撼的特效，这些虽然都很重要，但却不是重点。好的封面，重点在于具有能够吸引关注的标题。

以下图所示的"校园招聘宣讲会"PPT的封面标题为例。

重新设计该封面标题内容后，哪一个更能吸引观众的注意力？

再以下图所示"销售经验分享"PPT 的封面标题为例。

销售经验分享

Experience Sharing

修改该封面标题后是不是更能吸引观众的目光?

销售精英是
如何炼成的**?**

How To Become A Sales Elite

大部分人都会选择上面两个例子中修改标题后的设计。因为在 PPT 的展示中，真正吸引观众打起精神听的内容，往往并不是设计，而是一个能调动观众兴趣和思考的好标题。下面将介绍一些设计 PPT 封面标题的常用技巧。

1. 寻找"痛点"

如果 PPT 的功能是解决某个问题点，设计其标题的关键是：转换思维，将"讲什么"变成"怎么办"，如下图所示的"保险经纪人基础课程"主题 PPT。

保险经纪人基础课程

Basic Course Of Insurance Brokers

此标题修改后的描述如下。

如何成为人见人爱的
专业保险经纪人?

How To Become A Popular Insurance Broker

又如"新入职培训课程"宣讲 PPT，其标题如下。

新入职培训课程

New Entry Training Course

此标题修改后的描述如下。

毕业生如何快速
成长为职场精英

How Do Graduates Grow Into Professional Elite

在寻找观众"痛点"的标题内容时，可以多使用疑问句。

2. 解决"方案"

如果 PPT 的功能是向观众传授一些技巧或经验。设计其标题的关键则应该是：转换思维，将标题内容从"讲什么"变成"有什么"。例如，下图所示的两个案例，看完之后，是不是容易让人产生好奇心?

案例一：成为 PPT 高手的关键思维。

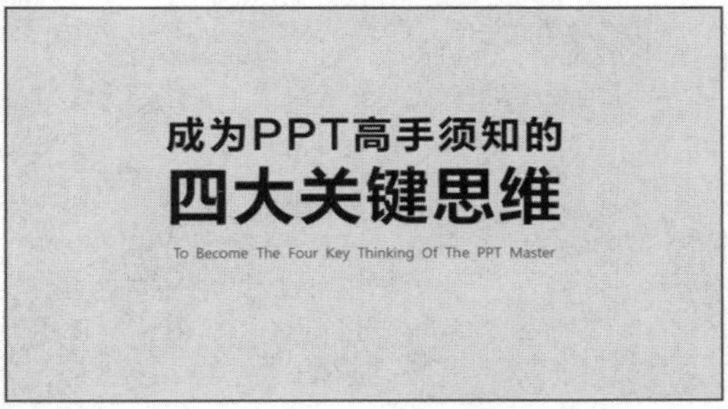

成为PPT高手须知的
四大关键思维
To Become The Four Key Thinking Of The PPT Master

案例二：文案写作高手的不传之秘。

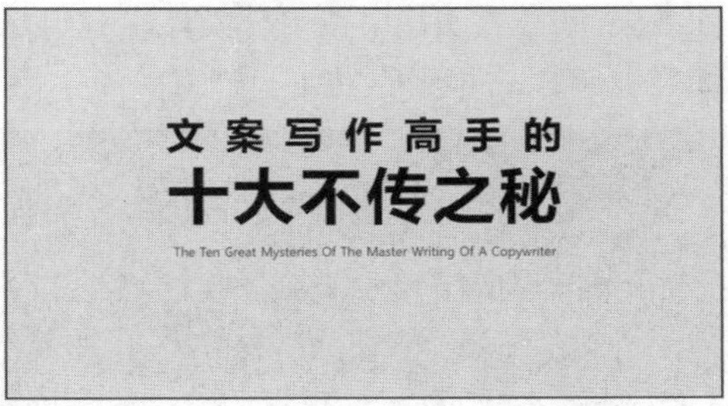

文 案 写 作 高 手 的
十大不传之秘
The Ten Great Mysteries Of The Master Writing Of A Copywriter

　　解决"方案"式的 PPT 封面标题，文字需要高度凝练，并能够罗列要点，转化为数字，让观众看了心里有数。

3. 提供"愿景"

　　此类标题在政府单位和企业战略规划会议所用的PPT中比较常见。其设置关键在于：转换思维，将"价值"提升，如下图所示。

攻坚克难
勇创佳绩
2017年工作总结及2018年工作规划
2017 Work Summary And 2018 Work Plan

　　应用此类标题，给观众带来的感觉并不是单纯为了完成某件事，而是创造一种价值观或带动产业发展造福社会。

4. 一语"双关"

　　在设置封面标题时，巧妙地将标题与某个词结合，有时会起到不言而喻的效果。如下图所示，将 PPT 的正确认知观与价值观结合。

四个思维刷新你的
PPT三观
P P T　V A L U E S

4.2.3　视觉效果的设计

　　在封面中使用大量或大面积图片的情况下，要选对了图片，我们几乎可以不对页面做任何设计，也能做出相当不错的封面效果。但如果封面中能够使用的图片素材较少或没有任何图片素材可以使用，用户就需要对页面的视觉效果进行设计。

　　下面将介绍设计封面视觉效果时常用的几种方法。

1. 利用对比使页面有层次感

　　在没有图片素材的情况下，用户可以通过在页面设置对比来增强页面的层次感，让封面看上去并不简陋。例如，在下图所示的页面中设置对比，可以有以下几种方式。

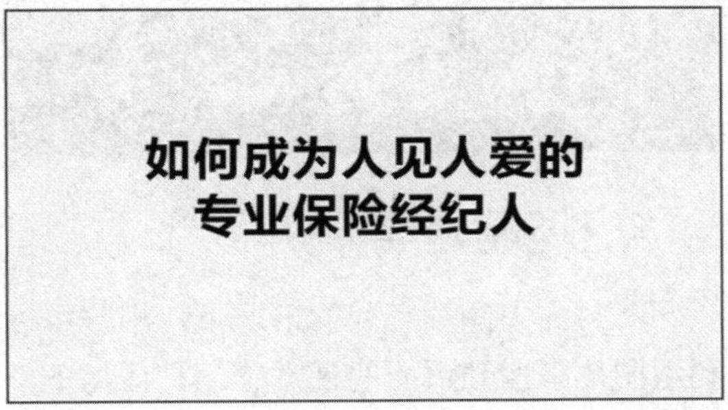

如何成为人见人爱的
专业保险经纪人

　　▶ 设置内容对比：可以为封面添加副标题、英文、拼音、署名、日期等可选内容，来形成对比。

> 设置字体对比：在没有图片辅助的情况下，使用有冲击力的字体，可以让封面页具有较强的视觉冲击力。

> 设置背景对比：使用强烈的前后景对比，可以让封面的主题更加突出。用户可以改变页面的背景底色，可以使用纯色，也可以使用渐变色。

> 如果用户想制作视觉冲击力强的封面效果，可以在页面中使用全图背景(这也是演讲大师 Garr 推崇的 PPT 设计方式)。

3. 利用变化丰富页面效果

在封面页中通过变化排版，用户可以得到更多的设计版式，例如：

> 在没有图片素材的情况下，可以在页面中增加矩形色块，为封面设计横向拦腰式页面效果。

2. 利用图片增强视觉感

在封面中图片有限的情况下，用户可以利用图片来增强页面的视觉感，具体如下。

> 如果用户想制作一个简洁大方的 PPT 封面，适当地在页面中添加修饰图片(一般使用 PNG 图片)可以使封面有不错的效果。

> 在页面中将图片和文字分割开来，上下放置。例如，下图所示为上图下文的布局(此类布局可以清晰地显示内容在页面上的布局)。

▶ 在页面中将图片和文字左右放置，如下图所示。

▶ 在居中排版的图片中，如果我们很难找到好的图片素材，或者图片素材的长度不够或内容重点偏向一边。此时，可以复制一份背景图，然后对图片进行翻转处理，将两张图片拼接在一起，制作出如下图所示的对称效果的页面。

4. 利用对齐调整页面效果

对齐排版中的一个重要原则是，在任何 PPT 页面中，只要换一种对齐方式，就可以得到效果完全不同的页面。例如，将下图所示页面中左对齐的文本，设置为右对齐。

封面给观众带来的感觉将完全不同。

5. 利用线条点缀页面效果

在设计 PPT 时，除了上面提到的文字、图片外，还经常需要运用一些元素对页面进行美化。这些元素可以是矩形、三角形、圆、线条、色块、特定标志，其中既能够保持原有的页面排版布局，又可以在页面中起到美化和点睛效果的当属线条。

在封面页中，适当地使用线条点缀可以使页面不至于单调，反而具有一种灵动的活泼气息。如下图所示的封面，如果只是简单地放置标题文字，则没有设计感，就算为页面配一个精美的背景图，效果也非常一般。

但如果在页面中把标题文案拆分之后，使用一个三角形线条，使文字能够从线条内伸出，这种破开的设计就要比规规矩矩的页面设计效果要强很多。

或者线条从图片中伸出。

此外，线条还可以被设计成各种形状，除了上图所示的三角形外，也可以是长方形。

4.3 设计目录页

PPT 中的目录页用于告诉观众整个 PPT 的逻辑结构和内容框架，如果其设计得不够好，那么 PPT 的效果将大打折扣。

一个好的 PPT 目录能够清晰地表达内容从总到分的逻辑过渡，能让观众了解到整个 PPT 的内容框架，从而达到更好的演示效果。

4.3.1　目录页的组成元素

　　仔细观察本节开头给出的目录页截图，我们会发现，目录页可以分为三部分，即目录标识、序号和章节标题。

1. 目录标识

　　目录标识主要围绕"目录"两个字进行修饰，使用简单的设计防止页面单调，如下图所示。

或者

2. 序号

　　序号能够对多个内容板块指定一个排列顺序，一般使用数字，也可以使用小图标代替。

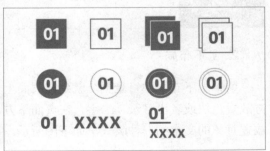

3. 章节标题

　　章节标题将内容划分为多个板块，并对每个板块做总结归纳。

4.3.2　目录页的设计原则

　　因为目录页内容较少，在页面设计上需要遵循两个原则，一是不要把标题都放在一个文本框，要做到版式统一；二是等距对齐。

1. 版式统一

　　所谓"版式统一"，指的是目录的标题要一模一样，无论是形状的使用，还是英文搭配，或者字体的格式和对齐距离等，都应保持一致。

　　有些用户在为目录页设置标题时，喜欢在一个文本框内把所有章节标题都写进去，其实这是不利于对页面进行二次排版设计的，如下图所示。

　　正确的做法是将不同的标题放在不同的文本框中。因为没有分开的章节标题，在 PowerPoint 中很难对它进行添加序号、英文翻译等多种二次设计。

2. 等距对齐

等距对齐原则指的是目录页面的章节标题之间，应保持相等的距离(包括每个序号与章节标题间的距离)。

将目录页中的大标题和小标题之间的距离等距以后，目录页的排版会很整齐，让人看上去很舒服，阅读起来很省力。

4.3.3 目录页的常见设计方案

PPT 目录页要根据 PPT 的整体风格、使用元素来设计。下面将提供几个常见的目录页设计方案，以供用户参考。

1. 左右布局

左右布局是最常见的目录页布局方式。

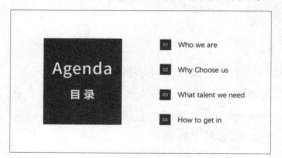

对于左右布局的目录页，通常在左侧放置图片、色块或者"目录"文字，右侧放置具体的文字内容。

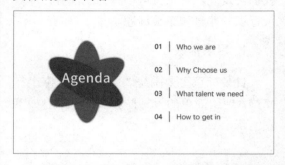

此外，页面的左侧还可以放置图片，或者给图片添加一层蒙版，然后加入"目录"文字，如下图所示。

为了避免版式过于单一，也可以在页面左侧的图片上加一个色块，突出页面的层次感。

2. 上下布局

所谓上下布局的目录页，就是在页面上方放置色块或者"目录"二字，在页面下方放置具体的文本的一种版式，如下图所示。

在设计上下布局的目录页时，可以在目录页的外层添加一个线框作为修饰，这样版式会显得更加规整。对页面中序号进行遮盖处理，可以让页面效果显得不那么"呆板"。

如果在页面的两侧添加一些不规则的色块作为修饰，则能够让整个版面显得更加充实。

也可以在页面上方放置图片作为背景。

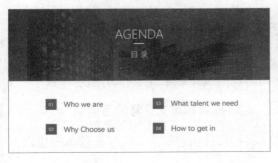

页面中的图片也不一定非要使用矩形，可以选择其他的图形，比如圆弧、三角形等。

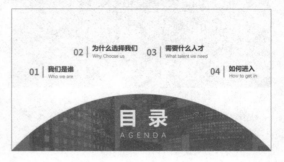

3. 卡片布局

卡片布局的目录页使用图片铺满页面，然后在图片上添加色块作为文字的载体，承载文字内容。其中色块可以分成几个部分，如下图所示的页面添加了 4 个色块。

此外，用户也可以在卡片布局的目录页中使用色块，将几部分内容放置在一起。

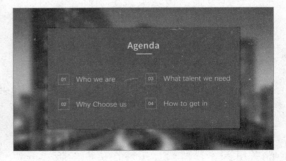

或者为页面中的色块设置一种透明效果，形成一种蒙版的感觉，让页面看起来更有质感。

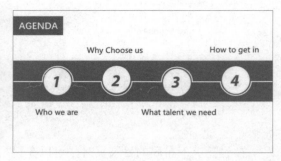

4. 斜切布局

斜切布局指的是在目录页中将图片或者色块斜切成几个部分的一种结构，这种斜切排列的目录可以使页面看上去更有动感，更具活力，如下图所示。

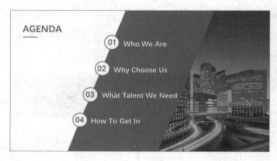

5. 创意布局

除了上面介绍的 4 种常见的目录设计方案外，还有许多创意型目录页布局，例如：

▷ 将目录制作成时间轴的形状，使页面的引导性更强，逻辑关系更明确。

▷ 将目录页制作成下图所示的全局整版结构，此类设计只要图片选择得当，素材质量好，就能够为页面带来非常震撼的效果。

▷ 在 PowerPoint 中利用表格，制作表格式目录，可以使页面效果既规整又大气。

4.4 设计内容页

内容页用于承载 PPT 的核心内容，本书第 5 章将详细介绍如何设计内容页排版的方法与技巧。下面将简单介绍几种 PPT 中常见内容页的设计细节和技巧。

在 PPT 内容页的设计中，决定页面效果的关键因素是排版。虽然在页面的版式框架方面，很多用户都能应用布局(例如上下布局、左右布局等，参见本书第 5 章)来组织内容。但在实际工作中，不同设计者对于相同内容页的设计效果是千差万别的。

1. 标题和正文字号的选择

在设计内容页时，为了能够体现出层次

感,通常我们会为标题文字设置较大的字号,正文字号相对会小一些。

但是,却很少有人关注标题和正文的字号到底应该设置为多大。很多人可能会随意设置,但在 PPT 页面设计中,有一个大致恒定的比例,即标题字号是正文字号的 1.5 倍,如下图所示比例的标题和正文段落。

$$24 \times 1.5 = 16$$

荣耀V10或年底现身 麒麟970+全面屏

华为mate10系列的推出,除了证明了国产手机的强大,还带来了一款强悍芯片麒麟970,并肩骁龙835般的存在。荣耀V10作为荣耀旗舰,无疑是搭载麒麟970的首选,荣耀畅玩7X已经率先采用全面屏设计,荣耀V10能否在此基础上优化体验,令人好奇。

应用到 PPT 内容页后,效果如下。

2. 标题文字的间距

内容页中文字间距的控制在于帮助用户快速理解信息,所以文字的间距需要用户注意。

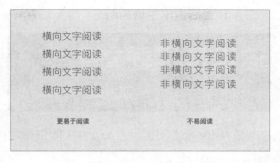

在设计页面时,用户可以对文字的标题进行间距调整,让它变得更加易于阅读,如下图所示。

在图中增加横向的字间距与段间距的关系,保持下图所示 A>B 的宽度,效果将如下图所示。

3. 主/副标题的间距

在内容页中,一级标题是主要的文字信息,要进行主观强化,二级标题需要弱化,主/副标题之间应保持下图所示 A-B 中间空出 1 倍的距离(不小于 1/3 的主标题高度),这样可以使标题文字在页面中阅读起来更舒服。

A-B 中间空出 1 倍的距离。

主/副标题之间空出不小于 1/3 的主标题高度。

4. 主/副标题的修饰

在内容页中，我们可以对主/副标题进行必要的修饰来强化对比效果，但每一个修饰都不能胡乱添加。常用的修饰方式有以下几种。

▶ 使用装饰线对主/副标题进行等分分割，也就是下图所示的 A=B 的关系。

▶ 使用装饰线对副标题进行等分分割，也就是下图所示的 B=C<A 的关系。

▶ 使用描边和填充进行修饰时，应保持主/副标题的两端对齐。

5. 中/英文排版关系

当内容页中使用中/英文辅助排版时，中

文和英文如何进行排版，取决于用户如何看待英文的功能属性。此时，应注意以下两点。

▶ 当英文属性为装饰时，应适当调大字号放在主标题的上方。

▶ 当英文属性为补充信息时，应适当调小字号放在主标题的下方。

英文的功能属性决定了中英文混排的位置关系，但这种形式的组合并不局限于英文，重点是我们怎么给"英文"做定义。关于这一点，用户可通过下图所示的幻灯片来理解。

6. 标题与图形的组合

当用户需要对PPT标题文字进行图案装饰时，应保持线段的宽度与字号的宽度相同。装饰线太粗很抢画面，装饰线太细，则达不到修饰的作用，如下图所示的装饰线则太细。

而下图所示的装饰线则太粗。

在设计页面时，用户需要将装饰线的宽度与文本的宽度控制为相同，也就是下图所示 A=B 的关系。

将其应用在 PPT 页面中的效果如下图所示。

7. 大段文本的排版

在内容页中，需要设计大段文本的排版是很常见的情况。当页面上需要安排大段文本内容时，可能会由于标点符号、英文单词、数字等元素存在，导致页面边缘难以对齐，显得很乱。此时，最简单的方法就是对文字段落设置两端对齐。

将这个方法应用到 PPT 内容页设计中，可以制作出如下图所示的页面效果。

8. 元素之间的距离

在设计 PPT 内容页时，页内各元素的间距应小于页面左右边距。如下图所示的页面在设计 PPT 时经常会遇到，这种内容页上往往需要放置多个元素。

在内容页的设计中，有一个恒定的规则是，B<A(其中 A 为页面左右的边距，B 为元素之间的距离)，如下图所示。

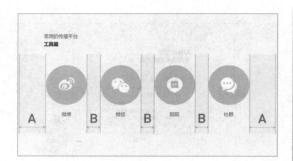

至于为什么元素间距要小于页边距，是因为这样会让页面上的内容，在视觉上产生关联性。否则，页面看起来就会很分散。

9. 分散对齐时的间距

所谓分散对齐，是指文字随着栏宽平均分布的一种排列方式。如下图所示，不同段落文本采用的对齐方式是不同的，"2017年全球移动宽带论坛"采用居中对齐，而标题文字"移动重塑世界"则采用分散对齐。

在使用分散对齐时，字与字之间的距离不能过宽，保持一个字的宽度即可。

移动重塑世界
2017全球移动宽带论坛
×

至于为什么要保持一字间隔，是因为如果文字间的距离过大的话，会导致观众在阅读时特别不顺畅，因为很多人在观看PPT时，不是读一句话，而是逐个阅读每一个文字。

10. 图片细节的统一

观众在浏览PPT作品时，细节的表现力最强。一个不经意的细节往往能够反映出设计者深层次要表达的内涵和设计能力的优劣。下面将从图片的比例和色调这两个方面来介绍页面设计中需要注意并统一的细节。

比例统一

对于很多管理者来说，在日常培训和汇报的PPT中，经常会因为种种原因，选择直接在模板中套用图片素材来做演讲或是培训，如下图所示。

此时，就容易出现图片细节不统一的问题。乍看之下，觉得风格和格式都很统一，但仔细观看，就会发现人物占画面的比例大小不一致(有的是正面照，有的则是半身像)，这样的图片效果在视觉上会显得不和谐，修改后的页面效果如下。

色调统一

在页面中插入一些风格不太一致的图片后，页面的风格会显得有些混乱，如下图所示。

从而获得页面风格的统一。

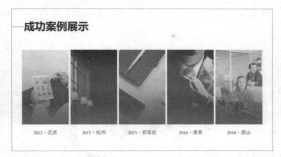

此时,可以尝试将图片的色调进行统一,

4.5　设计结束页

　　一份完整的 PPT,除了要有一个惊艳的封面外,也离不开一页精彩的结束页。因为在一场演讲中,一个好的结尾可以起到画龙点睛的作用,而即便演讲不是那么出彩,一个好的结尾也可以让人有眼前一亮的感觉。

PPT 模板中常见的结束页设计

　　在为 PPT 设计结束页时,通常有以下几种风格类型,用户在实际工作中可以根据自己的 PPT 设计需求进行选择。

1. 表达感谢

　　表达感谢是我们平时最常见的 PPT 结束方式(如上图所示),但是也很难给人眼前一亮的感觉。在大部分 PPT 中表达感谢是必须的,但并不是说在 PPT 中一定只能写"谢谢"、Thanks 或 Thank you 等内容。

　　通常,在制作结束页时,如果想要写感谢语,可以使用以下两种方式。

▶ 第一种比较好的处理方式就是留白，在页面中留白给人留下回味无穷的感觉。

▶ 第二种方式是使用全图型 PPT 进行结尾，并在页面中简单插入几何形状来修饰标题文本。

2. 留下联系方式

很多人在见过精彩的演讲后，都会有想要与演讲人"学习交流"的需要。在这种情况下，在 PPT 结束页中设计者可以留下自己的联系方式，包括电话、QQ、微信、二维码等。

3. 解答疑问

在用于交流的 PPT 中，与观众的互动是非常必要的。如果在演讲过程中没有给观众

留下提出疑问、讲解观点的时间，那么在 PPT 的结束页可以设计如下图所示的文字，提示观众可以在演讲结束后，与演讲者一起讨论演讲中的疑问。

4. 观点总结

如果演讲者希望让观众对自己的演讲内容有一个更好的把握，那么在 PPT 结束页中可以设置如下图所示的观点总结，帮助观众复习演讲的内容。

5. 强化主题

用户也可以通过结束页强化 PPT 的主题，例如主题讲的是成功，若在结束页写上"成功只属于有准备的人"，可以加强主题的表现。

4.6 案例演练

本章讲解了在 PowerPoint 中操作与设置页面的基本方法,并通过案例介绍了设计 PPT 中各个关键页面的常用方法与技巧。下面的案例演练部分将制作一个如下图所示的 PPT 内容过渡页,帮助用户快速掌握制作 PPT 页面的基本流程。

设置占位符并在其中插入图片　　　　输入并设置幻灯片文本

设置蒙版

制作三角形线框和图形

【例 4-12】设计一个 PPT 内容过渡页。

视频+素材 (素材文件\第 04 章\例 4-12)

step 1 按下 Ctrl+N 组合键创建一个空白演示文稿后,选择【视图】选项卡,在【母版视图】命令组中单击【幻灯片母版】按钮,进入幻灯片母版视图。

step 2 在窗口左侧的列表中选择【空白】版式,在【幻灯片母版】选项卡的【母版版式】命令组中单击【插入占位符】按钮,在弹出的列表中选择【图片】选项。

step 3 按住鼠标左键,在幻灯片编辑区域中绘制一个图片占位符,并调整其位置。

step 4 选择【幻灯片母版】选项卡,在【关闭】命令组中单击【关闭母版视图】按钮,关闭幻灯片母版视图。

step 5 在【开始】选项卡的【幻灯片】命令组中单击【新建幻灯片】按钮，在弹出的列表中选择【空白】选项。

step 6 在 PPT 中插入一个空白幻灯片后，单击该幻灯片中占位符上的【图片】按钮，打开【插入图片】对话框，选择一个图片素材文件后单击【插入】按钮，通过图片占位符在幻灯片中插入一个图片。

step 7 选择【插入】选项卡，在【插图】命令组中单击【形状】按钮，在弹出的列表中选择【矩形】选项，然后按住鼠标指针在幻灯片中的图片上绘制一个矩形图形，使其正好将图片遮盖住。

step 8 右击绘制的矩形图形，在弹出的快捷菜单中选择【设置形状格式】命令，在打开的窗格中将矩形图形的填充模式设置为【渐变填充】。

step 9 重复步骤 7 的操作，在幻灯片中绘制一个等腰三角形，并在【格式】选项卡的【形状样式】命令组中，将其【形状填充】颜色设置为【黑色】。

step 10 选中绘制的等腰三角形，按下 Ctrl+D 组合键将其复制一份，然后选中复制的等腰三

角形，在【格式】选项卡的【形状样式】命令组中将其【形状填充】设置为【无填充颜色】，【形状轮廓】设置为【白色】，【粗细】设置为【1.5 磅】，使其在幻灯片中的效果如下图所示。

step 11 选择【插入】选项卡，在【文本】命令组中单击【文本框】按钮，在弹出的列表中选择【横排文本框】选项。

step 12 按住鼠标左键，在幻灯片中绘制一个横排文本框，在其中输入标题文本"1"，并在【开始】选项卡的【字体】命令组中设置文本的字体格式和大小。

step 13 使用同样的方法，在 PPT 中插入一个用于输入内容的文本框，并在其中输入文本，完成本例的操作。最后，在窗口左侧的列表中右击第一个幻灯片，在弹出的快捷菜单中选择【删除幻灯片】命令，删除软件默认创建的幻灯片。

第 5 章

PPT 排版布局

　　排版一直是我们设计 PPT 时最重要，也是最能体现设计制作水平的地方。在制作 PPT 时，任何元素都不能在页面中随意摆放，每个元素都应当与页面上的另一个元素建立某种视觉联系，其核心目的都是提升 PPT 页面的可读性。在这个过程中，如果能利用一些技巧，则可以将信息更准确地传达给观众。

 本章对应视频 -

例 5-1 在 PPT 中设置分栏显示文本　　　例 5-2 制作一个分屏式 PPT 页面

5.1 PPT 页面排版的基本原则

所谓 PPT 页面排版的原则，指的是一套制作专业 PPT 的方法，包括对齐、对比、重复和亲密等排版技巧。

5.1.1 对齐

对齐是很重要却很容易被遗忘的一个排版基本原则。对齐决定了一个 PPT 页面整体的统一视觉效果，当页面中存在多个元素时，用户可以通过对齐的处理方式，使页面中的内容产生逻辑联系，这样才能建立一种清晰、精巧而且清爽的外观，如下图所示。

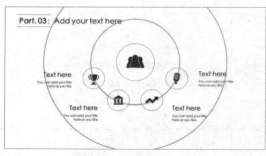

保持整洁是对齐的基本要求

在常见的 PPT 中，幻灯片页面布局中最常用的 3 种基本方式为：左对齐、居中对齐和右对齐。

▶ 左对齐：左对齐是最常见的对齐方式。版面中的元素以左为基准对齐，简洁大方，便于阅读，PPT 中常用于正文过渡页。

▶ 居中对齐：居中对齐将版面中的元素以页面中线为基准对齐，给人一种大气与正式感，PPT 中常用于封面和结束页。

▶ 右对齐：右对齐将版面中的元素以右为基准对齐。右对齐会使文本的阅读速度降低，常见于一些需要介绍细节的 PPT 中。

如果通过上述 3 种对齐方式将页面中所有元素都对齐，那么 PPT 的页面效果至少不会难看，如下图所示为设置左对齐后的 PPT 页面效果。

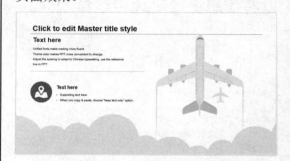

在 PowerPoint 中，要执行【对齐】命令使页面中的元素对齐，用户可以在选中元素后，选择【开始】选项卡，单击【绘图】命令组中的【排列】下拉按钮，然后从弹出的下拉列表中选择【对齐】选项下的子命令即可。

在 PPT 页面中需要进行对齐的内容主要有文字、图片和元素 3 类，下面将分别介绍。

1. 文字对齐

对齐在文字排版设计中是一项必须掌握的技能。想让一个设计看着舒服，用户就得先设定文字对齐。如下图所示的 PPT 页面，设计者对文字统一运用了左对齐。这种左对齐的方式比较适合人们的阅读习惯，可读性较强。

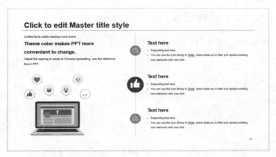

2. 图片对齐

在制作 PPT 时，离不开图片的应用和排版。当页面上存在多张图片时，要设计出好的视觉展示，最简单的方法就是对齐图片。如下图所示对页面中的多张图片进行对齐处理，使页面整洁明了(在不同的情况下，可以采用不同的对齐方式)。

3. 元素对齐

一个 PPT 页面中可能会同时存在许多元素，例如图标、形状、标点符号等。如果这些元素被随意摆放、毫无规律，则会让页面的整体效果显得杂乱无章，而如果对元素设

置对齐效果，则可以让整个 PPT 页面井然有序。如下图所示的 PPT 对页面中的多个图标进行对齐处理，使整个页面内容很干净、很有次序。

5.1.2　对比

对比是设计中重要的原则之一。在实际工作中对比的形式被广泛应用，特别是应用于平面设计领域，从招贴、书籍、包装、样本到标志、网页、图形、文字、编排、色彩，无一不涉及对比的原理和形式。对比的形式很多，其形式主要用于体现形象与形象之间的关系，形象与空间之间的关系，以及形象编排的方式。

1. 颜色对比

在页面中，各种颜色的对比会产生鲜明的色彩效果，能够很容易地给观众带来视觉与心理的满足。而各种颜色构成的面积、形状、位置以及色相、明度、纯度之间的差别，能够使页面丰富多彩。

2. 大小对比

大小对比是设计中最受重视的一项。大小差别小，给人的感觉较沉着温和。

大小差别大，给人的感觉鲜明，并且具有强力感。

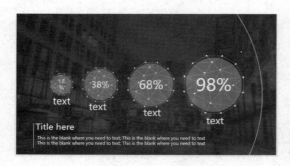

3. 明暗对比

明暗对比在设计中经常被用到，准确的明暗关系，丰富的明暗层次，有利于在 PPT 中突出内容主体。

在设计明暗对比时，用户应注意黑、白、灰的对比关系，要有一定比重的暗色块和搭配得当的亮色块以及适当的留白。

单纯的明暗对比运用在设计中一般表现

为阴和阳、正和反、昼和夜等，其中黑与白是典型的明暗对比。

4. 曲直对比

直线与曲线的特性各不相同，对版面的作用也不同。直线挺拔、平静、稳重，有稳定版面的作用。

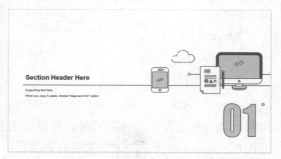

曲线则柔美优雅、富有弹性和动感，能给版面增加活力。

5. 虚实对比

虚实对比是中国美学的一个原则，在中国风 PPT 中经常见到。这种对比方式可以增强页面的表现力，能衬托主体，营造出一种特殊的气氛或意境。

将"虚无"和"有无"辩证思想融入中国风的设计中，可以体现中国风独特的艺术风格和魅力。

5.1.3　重复

在 PPT 页面的排版设计中，重复可以分为页面内的重复和页面间的重复。

▶ 页面内的重复：页面内的重复可以增强内容给观众的印象，让页面更富有层次感、逻辑性。

▶ 页面间的重复：页面间的重复可以让视觉要素在整个 PPT 中重复出现，这样既能增加内容的条理性，还可以加强统一性。

为建立重复，可以使用线条、装饰符号或者某种空间布局，例如：

▶ 重复出现标题，可以增强封面的视觉冲击力。

▶ 重复出现 Logo，可以加深观众的印象。

▶ 重复图标形成图表，并结合对比的技巧，可以增强数据可视化。

PPT 设计中重复的元素可以是图形、大小、宽度、材质、颜色甚至是动画效果。在 PowerPoint 中，要快速实现元素之间的重复，用户可以使用以下几个技巧。

▶ 按住 Ctrl 键的同时，按住鼠标左键拖动，可以通过拖动鼠标复制元素。

▶ 按住 Ctrl+Shift 组合键的同时，按住鼠标左键拖动，可以平行复制元素。

▶ 按下 F4 键重复上一次的操作。

> 选中一个包含样式的元素后，单击【开始】选项卡【剪贴板】命令组中的【格式刷】按钮复制样式，然后单击目标元素可以将复制的样式应用在该元素上。

> 选中一个设置了动画的对象后，单击【动画】选项卡【高级动画】命令组中的【动画刷】按钮复制动画，然后单击另一个目标对象可以将复制的动画应用在该对象上。

5.1.4 亲密

亲密原则指的是在设计页面排版时将相关的元素组织在一起，通过移动，使它们的位置靠近，让这些元素在PPT中被观众视为一个整体，而不再是彼此无关的信息。

在实际操作中，当面对元素众多、繁杂的PPT页面时，用户首先要分析哪些孤立的元素可以归在一组以建立更近的亲密性，然后才能采用合适的方法，使它们成为一个视觉单元，例如：

> 对同一组合内的元素在物理位置上赋予更近的距离。

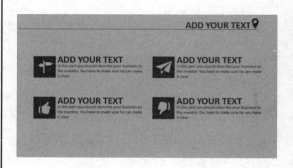

> 对同一组合内的元素使用相同或相近的颜色。

> 对同一组合内的元素使用相同或相近的字体和字号。

> 在同一页内使用线条或图形来分割不同组合。

下面举例来介绍亲密原则的应用。

上图所示的 PPT 为半图型页面结构，左侧大量的文字看上去较拥挤和繁杂，不易阅读。

应用亲密原则，将其中内容在一块的分在一起，不在一块的分开。

适当为标题文本设置字体格式，完成后的效果如下图所示。

5.2　常见的版式布局

PPT 的排版方式多种多样，在实际设计中，要想排版出好看的幻灯片页面，用户对于版式就要有一定的了解。下面将介绍几种常见的排版布局类型，以供参考。

5.2.1　全图型版式

全图型 PPT 页面版式有一个显著的特点，即它的背景都由一张或多张图片构成，而在图片之上通常都会放几个字，以作说明。

由于全图型 PPT 有一个很明显的特点，就是图大文字少，因此就决定了这种类型的 PPT 并不是所有的场合都适用。全图型 PPT 页面适用于以下环境。

▶ 个人旅游、学习心得的分享。
▶ 新产品发布会。
▶ 企业团队建设说明。

此外，全图型 PPT 除了上图所示的满屏使用一个图形的版式外，还可以有其他多种应用，例如在一个屏幕中并排放置多张图片的并排型版式，将多张图片拼接在一起的拼图型版式，以及通过分割图片制作出的倾斜型版式和不规则型版式等。

1. 满屏版式

用户可以通过处理图片，设置在页面全

图型版式中使用多张图片，例如：

> 应用 1 张图片。

> 应用两张图片。

> 应用 3 张图片。

> 应用 4 张图片。

> 应用 6 张图片。

2. 并排型版式

在并排型版式中，需要使用大小一致的图片素材，以保证页面中的图片间隔一致，例如：

> 设置两张图片并排。

> 设置 3 张图片并排。

> 设置 4 张图片并排。

▶ 设置 5 张图片并排。

▶ 设置 6 张图片并排。

▶ 设置 8 张图片并排。

3. 拼图型版式

拼图型版式适合当图片素材为奇数(3、5、7 张)时，该版式可以维持页面的平衡，例如：

▶ 设置 3 张图片拼图。

▶ 设置 5 张图片拼图。

▶ 设置 7 张图片拼图。

▶ 设置 9 张图片拼图。

4. 倾斜型版式

倾斜型版式通过主体或整体画面的倾斜编排，可以使画面具有非常强的律动感，让人眼前一亮。

5. 不规则型版式

不规则型版式没有规律可循，在遇到图片素材尺寸不统一时，用户可以考虑使用。

6. 蜂巢型版式

蜂巢型版式最少使用 7 张图片，且图片显示内容较小，适用于在页面中展示重点图片。

5.2.2　半图型版式

半图型 PPT 版式分为左右版式和上下版式两种。

1. 左右版式

在 PPT 中，当需要突出情境时(内容量少，逻辑关系简单)，可以采用左右版式。

在左右版式中，大部分图片能以矩形的方式"完整呈现"，图片越完整，意境体现效果越好。

2. 上下版式

在需要突出内容时(内容多，并且逻辑关系复杂)，可以采用上下版式。

在 16∶9 的 PPT 页面尺寸比例下，横向的空间比纵向多，有足够的空间来呈现逻辑关系复杂的内容。

3. 调整版式

很多复杂的版式都是由左右或上下版式变化而来的，用户可以从以下两个方面对半图型版式进行调整。

调整图文占比

当页面呈现内容较多时，可以减少图片的占比(适用于论述内容的 PPT 类型)。

反之，当页面呈现内容较少时，可以增加图片的占比(适用于传达情感或概念性的 PPT 类型)。

增加层次

所谓"增加层次"，就是通过带有阴影的色块，使画面区分出两个以上的层次。

5.2.3　四周型版式

四周型版式将文字摆放在页面中心元素的四周，中心的元素则可以随意进行替换。

在设计四周型版式的文案内容时，用户只需要注意标题和内容的对比即可。

5.2.4　分割型版式

分割型版式指的是利用多个面，将 PPT 的版面分割成若干个区域。

1. 分割"面"的类型

"面"可以有多种具体的形状，比如矩形、平行四边形、圆形等，不同形状的"面"能够通过分割页面，在 PPT 中营造出各种不同的氛围。

▶ 矩形分割：使用矩形分割的页面，多用于各种风格严肃、正式的商务 PPT 中。

▶ 斜形分割：使用斜形分割页面，能够给人不拘一格的动感。

> 圆形分割：相比矩形和斜形有棱有角的形状，用圆形或曲形来分割版面，更能营造出一种柔和、轻松的氛围。

此外，用户还可以使用不规则的形状来分割页面，使页面能够给观众带来创意感、新鲜感。

2. 分割"面"的作用

分割"面"的作用主要指以下两个。

盛放信息

在一个PPT页面中可能会有多种不同类型的内容。为了使内容之间不互相混淆，我们通常需要把它们分开来排版，那么此时使用分割型版面就非常合适了，内容繁杂的页面通过分割就变得非常清晰。

在分割型版式中，"面"可以起到"容器"的作用，它们各自装载着独立的信息，互不干扰，使页面看上去有"骨是骨，肉是肉"的分明感。

提升页面饱满度

在PPT页面中，内容过多或过少都会为排版带来困扰。当页面内容过少时，通常会显得比较单调。此时，如果用户想提升页面的饱满度，就可以使用分割型版式中的"面"来填充页面的空白处。

5.2.5 均衡型版式

均衡型版式对页面中上、下、左、右的元素进行了划分，可以细分为上下型均衡版式、左右型均衡版式以及对角线型均衡版式三种。下面将分别介绍。

1. 上下型均衡版式

上下型均衡版式可以用在PPT目录页或表示多个项目但存在着并列关系的页面中，如下图所示。

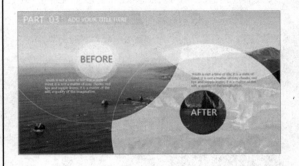

2. 左右型均衡版式

左右型均衡版式将页面的左右部分进行了划分，分别在左和右两个部分显示不同的元素，如下图所示。

3. 对角线型均衡版式

对角线型均衡版式将页面中的元素通过一条分明的对角线进行划分，使页面形成上、下两个对角，并在内容元素上保持均衡。例如下图所示。

此外，版面对角式构图，打破了传统布局，提升了整体的视觉表现，在变化中还可以形成相互呼应的效果。

5.2.6　时间轴型版式

时间轴型版式是根据时间轴来进行设计的，整个版面的排版围绕着中间的时间线，被划分为上下两个部分，但整体还是居中于幻灯片的中央。

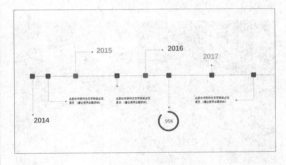

5.3　使用排版工具

在制作 PPT 时，为了精准地表达内容信息，文字、图片和元素等素材的使用是第一步，但仅仅通过排列文字，在页面的空白处插入图片或图形并不能灵活运用素材。此时，合理地使用排版工具显得尤为重要。

5.3.1　使用形状

形状在 PPT 排版中的运用很常见，虽然它本身是不包含任何信息的，常作为辅助元素应用，但也发挥着巨大的作用。

1. 形状的排版功能

在 PPT 页面排版中，形状的主要功能包含 5 个方面，分别是聚焦眼球衬托文字、弥补页面空缺、表达逻辑流程、绘制图标以及划分不同的内容区域。

聚焦眼球，衬托文字

一般观众在观看 PPT 时，总希望一眼就能抓住重点，这也是 PPT 中形状的作用之一，使人们在看到 PPT 的第一眼就能把目光快速聚焦到文字上。

例如，下图所示的页面使用了一张高清大图作为背景，同时在其上放置了文案，有三段小标题和解释文本，颜色选择为白色。

此时，如果给文本部分添加一个黑色且带有透明效果的矩形形状，并将文本的标题颜色换为与背景相似的颜色，观众在页面中既能感受到背景图带来的效果，又可以清晰地看到文本描述。图形在这里通过衬托文字，聚焦了观众的眼球，效果明显。

弥补页面空缺

在设计 PPT 封面时，通过添加形状可以实现简单、美观的设计效果。例如，在下图所示的页面中添加形状。

在原来页面的基础上，添加了几个蓝色的圆形，以及一条直线，弥补了页面的空缺，瞬间整个页面就变得有设计感。

表达逻辑流程

以下图所示的页面为例，在这个 PPT 页面中，观众必须将三个步骤都完成后，才能通过思考了解各个步骤之间的关系。

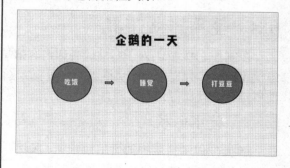

如果给页面中的文本加上三个形状，再加上两个箭头，可以使观众一眼就能看出步骤之间的逻辑流程关系。

绘制图标

观众在浏览 PPT 时，往往会被一些精致的图标所吸引，而图标在内容上往往指引了整页 PPT 中的精华内容，如下图所示。

PPT 中的图标，除了可以通过专门的素材网站下载外，也可以使用 PowerPoint 自带的形状进行制作。用户也可利用形状，在 PPT 中绘制各种形状的图标。

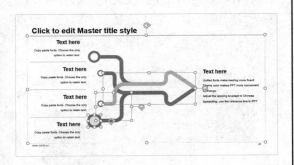

划分不同的内容区域

美观的 PPT 其排版都十分精致。在排版中最常用的方法之一就是使用色块划分区域，而色块其实就是形状。

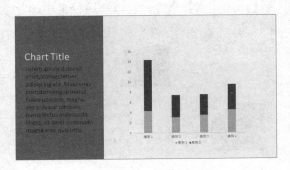

通过形状，将 PPT 页面划分为不同的内容区域，可以让阅读者选择自己想阅读的部分，提高他们的阅读效率。

2. 形状的处理方法

在 PowerPoint 中选择【插入】选项卡，单击【插图】命令组中的【形状】按钮，在弹出的列表中用户可以选择插入 PPT 中的形状。

在 PPT 中插入形状后，用户可以根据 PPT 的设计需求对形状的格式、轮廓填充、外观形状进行调整。

设置形状格式

右击 PPT 中的形状，在弹出的快捷菜单中选择【设置形状格式】命令，将打开下图所示的【设置形状格式】窗格，在该窗格的【填充】和【线条】选项组中，用户可以设置形状的填充和线条等基本格式。

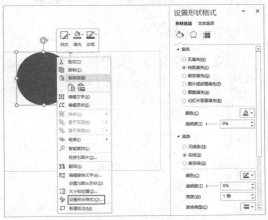

PPT 中的形状填充和文字填充一样，也可以分为形状填充设置和形状轮廓设置。

▶ 形状填充：形状填充包括纯色填充、渐变填充、图案填充、图片或纹理填充等，在【设置形状格式】窗格中，用户可以根据需要分别进行设置。

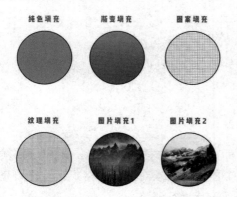

▶ 形状轮廓：在【设置形状格式】窗格中的【线条】选项组中，用户可以对形状轮廓线条的粗细、类型等进行设置。

设置形状变化

设置形状变化指的是对规则的图形形态的一些改变，主要包括调整控制点、编辑顶点以及执行布尔运算。

（1）调整控制点

控制点主要针对一些可改变角度的图形，例如三角形，用户可以调整它的角度，又如圆角矩形，我们可以设置它四个角的弧度。在 PPT 中选中形状后，将鼠标指针放置

在形状四周的控制点上，然后按住鼠标左键拖动，即可通过调整形状控制点使形状发生变化。

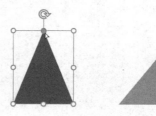

（2）编辑顶点

在 PowerPoint 中，右击形状，在弹出的快捷菜单中选择"编辑顶点"命令，进入顶点编辑模式后用户可以改变形状的外观。在顶点编辑模式中，形状被显示为路径、顶点和手柄三个部分，如下图所示。

单击形状上的顶点，将在顶点的两边显示手柄，拖动手柄可以改变与手柄相关的路径位置；右击路径，在弹出的快捷菜单中选择【添加顶点】命令，可以在路径上添加一个顶点。

右击线段后，如果在弹出的快捷菜单中选择【曲线段】命令，可以将直线段改变为下图所示的曲线段。

右击形状的顶点，在弹出的快捷菜单中可以选择【平滑顶点】【直线点】和【角部顶点】命令，对顶点进行编辑。

拖动形状四周的顶点，则可以同时调整与该顶点相交的两条路径。

此外，用户还可以通过删除形状上的顶点来改变形状。例如，右击矩形形状右上角的顶点，在弹出的快捷菜单中选择【删除顶点】命令，该形状将变为三角形。

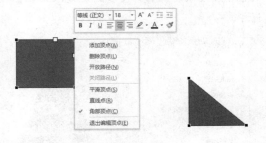

(3) 执行布尔运算

在 PPT 中同时选中多个形状后，单击【格式】选项卡【插入形状】命令组中的【合并形状】下拉按钮，可以在弹出的下拉列表中选择合适的选项对形状执行布尔运算。

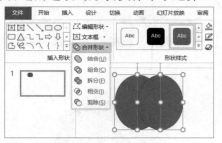

布尔运算包括结合、组合、拆分、相交和剪除，其具体执行效果如下图所示。

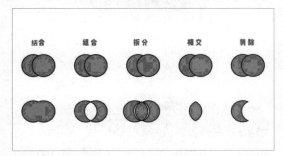

通过对形状执行布尔运算，我们可以在 PPT 中实现一些特殊效果的页面。

5.3.2　使用 SmartArt

用户可在 PowerPoint、Word 和 Excel 中使用 SmartArt 特性创建各种图形。SmartArt 图形是信息和观点的视觉表示形式。用户可以通过多种不同布局来创建 SmartArt 图形，从而快速、轻松、有效地传达信息。

简单而言，SmartArt 就是 Office 软件内置的逻辑图表，主要用于表达文本之间的逻辑关系，如下所示。

➤ 流程关系。

➤ 逻辑关系。

➤ 层次结构。

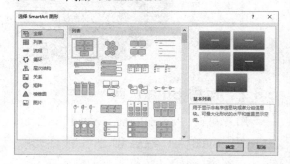

1. 在 PPT 中插入 SmartArt

在 PowerPoint 2016 中，用户可以通过单击【插入】选项卡【插图】命令组中的 SmartArt 按钮，打开【插入 SmartArt 图形】对话框，在 PPT 中插入 SmartArt。

2. 将文本框转换为 SmartArt

在 PowerPoint 中，用户可以将文本框中的内容直接转换为 SmartArt，从而快速地在页面中添加排版元素，使页面效果丰富多彩，具体方法如下。

step 1 在 PPT 中选中文本框内的文本后，右击文本框，在弹出的快捷菜单中选择【转换为 SmartArt】命令，在弹出的子菜单中选择【其他 SmartArt 图形】命令。

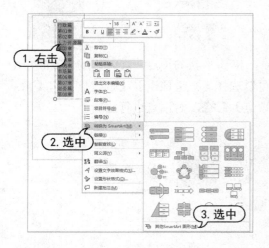

step 2 打开【选择 SmartArt 图形】对话框，选择一种图形样式后，单击【确定】按钮。

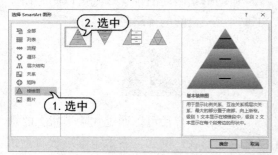

step 3 此时，文本框将被转换为指定的 SmartArt 图表，并打开【在此处键入文字】对话框。

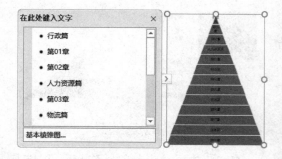

step 4 在【在此处键入文字】对话框中选中

一个项目后，右击鼠标，在弹出的快捷菜单中选择【降级】【上移】或【下移】命令则可以调整 SmartArt 图形的布局结构。

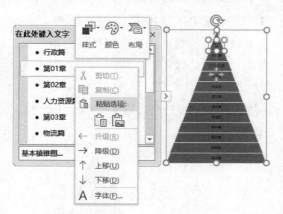

step⑤ 拖动 SmartArt 图形四周的控制柄，可以调整其大小。

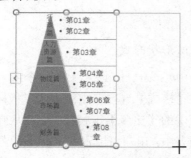

step⑥ 将鼠标指针放置在 SmartArt 图形的边缘上，按住鼠标左键拖动，可以调整其在 PPT 页面中的位置。

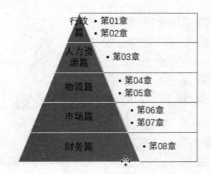

3. 利用 SmartArt 快速排版

除了可以将文本转换为 SmartArt 外，用户还可以通过 SmartArt 将图片素材快速排版为合适的页面版式，具体方法如下。

step① 在 PPT 中插入图片素材后，按住 Ctrl 键依次选中幻灯片内的所有图片。

step② 选择【格式】选项卡，在【图片样式】命令组中单击【图片格式】下拉按钮，从弹出的下拉列表中选择一种 SmartArt 格式。

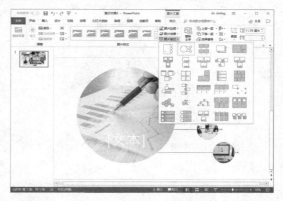

step③ 此时，图片将应用所选择的 SmartArt 格式，在 SmartArt 提供的文本框中输入文本后，即可制作出效果如下图所示的版式。

4. 设置 SmartArt 图形效果

SmartArt 图形是由基本形状组合而成的模块，其所有基本形状的格式(如填充颜色、加边框、改透明度、填充图片等)，在 SmartArt 中也都能够调整。

设置填充颜色

选中 SmartArt 图形中的某个形状，在【格式】选项卡中单击【形状样式】命令组中的【形状填充】下拉按钮，从弹出的下拉列表中可以设置形状的填充颜色。

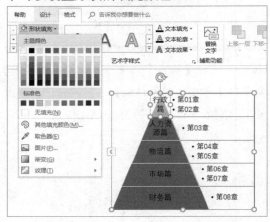

设置轮廓样式和颜色

选中 SmartArt 图形中的一个或多个形状，在【格式】选项卡中单击【形状样式】命令组中的【形状轮廓】下拉按钮，从弹出的下拉列表中可以设置形状的轮廓样式和颜色。

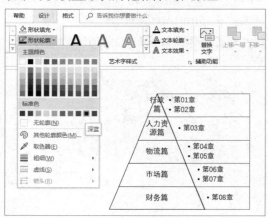

设置形状效果

选中 SmartArt 图形中的某个形状，在【格式】选项卡中单击【形状样式】命令组中的【形状效果】下拉按钮，从弹出的下拉列表中可以设置形状的效果，包括阴影、映像、发光、柔化边缘等。

更改形状样式

选中 SmartArt 图形中的一个或多个形状，在【格式】选项卡中单击【形状样式】命令组中的【更多】下拉按钮，从弹出的下拉列表中，用户可以将 PowerPoint 预设的样式应用于形状之上，从而更改形状的样式。

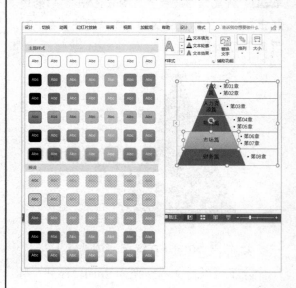

更改形状外观

选中 SmartArt 图形中的一个或多个形状，在【格式】选项卡中单击【形状】命令组中的【更改形状】下拉按钮，从弹出的下拉列表中选择一种形状，即可改变选中形状的外观。

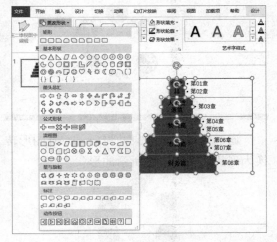

更改配色方案

选中 SmartArt 图形后，在【设计】选项卡的【SmartArt 样式】命令组中单击【更改颜色】下拉按钮，从弹出的下拉列表中选择一种颜色配色方案，可以更改 SmartArt 的配色。

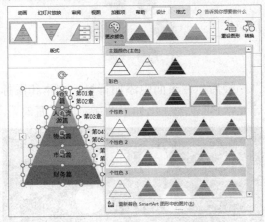

更改布局

选中 SmartArt 图形后，在【设计】选项卡的【版式】命令组中单击【更多】下拉按

钮，从弹出的下拉列表中选择一种布局样式，即可更改 SmartArt 图形的版式布局。

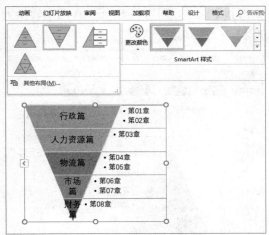

在上图所示的下拉列表中选择【其他布局】选项，可以打开【选择 SmartArt】对话框，选择更多的布局样式。

添加形状

选中 SmartArt 图形中的一个形状，在【设计】选项卡的【创建图形】命令组中单击【添加形状】下拉按钮，从弹出的下拉列表中用户可以选择在形状的前面、后面、上面或下面添加一个与选中形状相同的形状。

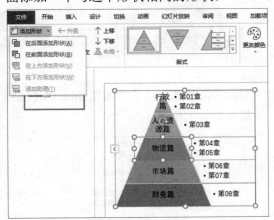

5. 将 SmartArt 分解为形状

PowerPoint 中插入的 SmartArt 图形是可分解的。选中制作好的 SmartArt 图形，在【设

计】选项卡的【重置】命令组中单击【转换】
下拉按钮，从弹出的下拉列表中选择【转换
为形状】选项，即可将 SmartArt 图形转换为
形状。

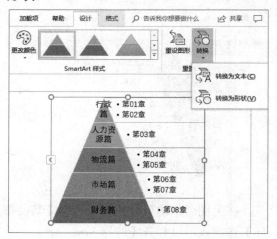

此时，右击转换后的形状，在弹出的快
捷菜单中选择【组合】|【取消组合】命令，
可以将形状的组合状态取消。

此后，用户可以单独调整 SmartArt 图形
中每个形状的位置。

通过将 SmartArt 图形分解为形状，用户

可以利用 SmartArt 图形生成各种具体的页面
版式。例如，在 PPT 中插入下图所示的
SmartArt 图形。

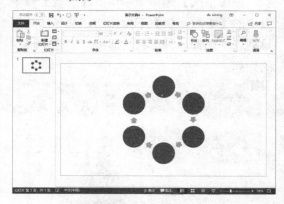

通过设置图形效果并将 SmartArt 图形转
换为形状，得到下图所示的形状。

将形状向左旋转 90°，然后取消形状的
组合状态，删除其中不需要的形状，并设置
形状的填充颜色，得到下图所示的形状。

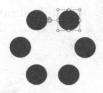

最后，在页面中添加背景、文本和图标
等元素，可以制作出如下图所示的页面效果。

5.3.3　使用网格线

在 PowerPoint 中按下 Shift+F9 组合键，可以在页面中显示网格线(再次按下 Shift+F9 组合键可以隐藏网格线)。

此时，在页面中会看到画面的正中向上下和左右以 2 厘米为单位展开的网格。

1. 网格线的作用

网格线在 PPT 排版中的作用在于对齐图片、文本等元素。由于页面中图片的风格可以有很多形式(例如竖向、横向)，因此在排版时对内容进行统一非常重要，有时需要适当地用文字对图片进行网格补全，如下图所示。

在对图形进行裁剪后，可能会造成人物头像大小不一的情况。

在这种情况下，在版式中借助文字+线条(或元素)，对图片进行补充就可以解决问题。

在设置图文对齐时，网格线可以在页面中协助用户对齐文本与图片。

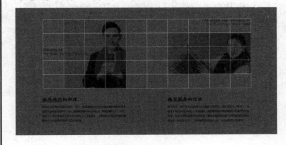

2. 设置网格间距

在 PowerPoint 中选择【视图】选项卡，然后单击【显示】命令组右下角的【网格设置】按钮，可以打开【网格设置】对话框。

在【网格设置】对话框中单击【间距】下拉按钮，从弹出的下拉列表中可以设置网格线的间距。

在【间距】下拉按钮后的微调框中，用户可以自定义网格之间的距离。

5.3.4 使用参考线

参考线是 PowerPoint 中重要的对齐工具，其基本操作有以下几个。

在页面中添加参考线

按下 Alt+F9 组合键，即可在当前 PPT 页面中添加一个下图所示的参考线(再次按下 Alt+F9 组合键可以将添加的参考线隐藏)。

移动参考线的位置

将鼠标指针放置在参考线的上方，当指针变为双向箭头时，按住鼠标左键拖动可以调整页面中参考线的位置。

增加新的参考线

将鼠标指针放置在一条参考线的上方，

当指针变为双向箭头时，按住 Ctrl 键的同时按住鼠标左键拖动参考线，释放鼠标左键后，将在页面中增加一条新的参考线。

删除已有的参考线

将鼠标指针放置在参考线上方，然后按住鼠标左键移动参考线的位置，当参考线被移出页面的边缘之外时，释放鼠标左键，参考线将被删除。

准确定位参考线

用户可以结合网格线，精确定位页面中多条参考线的位置。参考线被移动时鼠标上方会出现一个数值，其在页面居中时这个数值为 0，即页面的中心点是参考线的起点。

在母版中使用参考线

为了避免 PPT 排版时不小心移动参考线，用户可在幻灯片母版中添加和移动参考线，母版的参考线一般默认是橙色的。

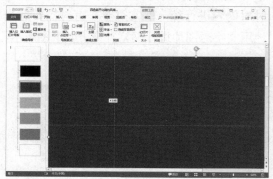

在 PPT 页面排版中，参考线一般用于设置跨页边界对齐、页内元素对齐、快速实现

对称版式以及偶数元素居中等距分布，下面将分别介绍。

1. 跨页边界对齐

在实际工作中，有些 PPT 在放映时，其标题栏的文本会反复跳跃，即 PPT 的跨页边界没对齐。在 PPT 中设置对齐，不仅仅要在单个页面中做到边界对齐，还需要跨页的边界也要对齐，即整个 PPT 所有页面中上下左右的边缘留白距离要一致。这样，即使将 PPT 打印在纸张上进行装订或裁剪，也不会出现问题。

要解决跨页边界对齐问题，可以在 PPT 母版中添加如下图所示的参考线。

2. 页内元素对齐

在 PowerPoint 中排版 PPT 页面时，左对齐或右对齐可以直接使用【对齐】工具来实现，但如果需要将元素居中两端对齐，则要借助参考线来辅助排版，如下图所示。

3. 快速实现对称版式

对称是 PPT 中重要的排版样式，当我们排版没有好的思路时，就可以使用对称版式。

而在页面中使用参考线，则可以快速绘制出对象的版式。

▲左右对称版式　　　　▲上下对称版式

4. 偶数元素居中等距分布

以下图所示的页面为例，如果要将页面中的 4 个色块居中等距分布，并要求不使用组合工具，保留原有的动画效果。

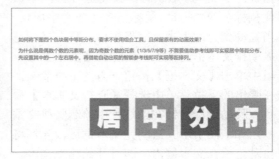

为此，在页面中先通过参考线确定两端的目标对象与边界等距，再设置它们垂直居中，等距分布即可。

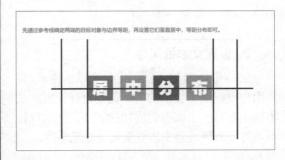

5.3.5　使用文本框

文本框是一种特殊的形状，也是一种可移动、可调整大小的文字容器，它与文本占位符非常相似。使用文本框可以在幻灯片中放置多个文字块，使文字按照不同的方向排列。也可以突破幻灯片版式的制约，实现在幻灯片中任意位置添加文字信息的目的。

1. 添加文本框

PowerPoint 提供了两种形式的文本框：横排文本框和竖排文本框，分别用来放置水平方向的文字和垂直方向的文字。

打开【插入】选项卡，在【文本】命令组中单击【文本框】按钮下方的下拉箭头，在弹出的下拉菜单中选择【横排文本框】命令，移动鼠标指针到幻灯片的编辑窗口，当指针形状变为↓形状时，在幻灯片页面中按住鼠标左键并拖动，鼠标指针变成十字形状。当拖动到合适大小的矩形框后，释放鼠标完成横排文本框的插入；同样在【文本】命令组中单击【文本框】按钮下方的下拉箭头，在弹出的下拉菜单中选择【竖排文本框】命令，移动鼠标指针在幻灯片中绘制竖排文本框，如下图所示。绘制完文本框后，光标将自动定位在文本框内，即可开始输入文本。

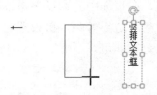

2. 设置文本框属性

文本框中新输入的文字只有默认格式，需要用户根据演示文稿的实际需要进行设置。文本框上方有一个圆形的旋转控制点，拖动该控制点可以方便地将文本框旋转至任意角度。

另外，右击文本框，在弹出的快捷菜单中选择【设置形状格式】命令，可以打开【设置形状格式】窗格，在该窗格中用户可以像设置形状格式那样设置文本框的格式属性(参见本章 5.3.1 节的内容)。

下面将介绍几个 PPT 中文本框的设置技巧。

设置文本框四周间距

在【设置形状格式】窗格中展开【文本框】选项组的【上边距】【下边距】【左边距】和【右边距】文本框，可以设置文本框四周的间距。

如下图所示的 PPT，即便我们已经努力利用 PPT 的对齐工具把所有的文本框都向左对齐了，但是发现，文字无法做到对齐。

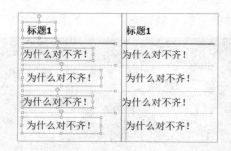

遇到这种情况，除了手动拖动文本框把文字都对齐之外，利用【设置形状格式】窗格中的【文本框】选项组，也可以将文本框中的文字对齐。

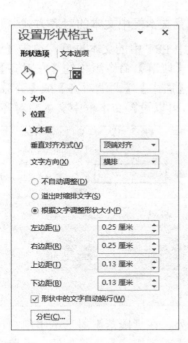

设置文本框字体格式

在 PowerPoint 2016 中，为文本框中的文字设置合适的字体、字号、字形和字体颜色等，可以使幻灯片的内容清晰明了。通常情况下，设置字体、字号、字形和字体颜色的方法有 3 种：通过【字体】命令组设置、通过浮动工具栏设置和通过【字体】对话框设置。

▶ 通过【字体】命令组设置：在 PowerPoint 2016 中，选择相应的文本，打开【开始】选项卡，在如下图所示的【字体】命令组中可以设置字体、字号、字形和字体颜色。

▶ 通过浮动工具栏设置：选择要设置的文本后，PowerPoint 2016 会自动弹出如下图所示的【格式】浮动工具栏，或者右击选取的字符，也可以打开【格式】浮动工具栏。在该浮动工具栏中设置字体、字号、字形和字体颜色。

▶ 通过【字体】对话框设置：选择相应的文本，打开【开始】选项卡，在【字体】命令组中单击对话框启动器按钮 ，打开【字体】对话框的【字体】选项卡，在其中设置字体、字号、字形和字体颜色。

设置文本框字符间距

字符间距是指幻灯片中字与字之间的距离。在通常情况下，文本是以标准间距显示的，这样的字符间距适用于绝大多数文本，但有时候为了创建一些特殊的文本效果，需要扩大或缩小字符间距。

在 PowerPoint 中，用户选中 PPT 中的文本框后，单击【开始】选项卡【字体】命令组中的对话框启动器按钮 ，打开【字体】对话框，选择【字符间距】选项卡，可以调整文本框中的字符间距，如下图所示。

此外，也可以单击【开始】选项卡【字体】命令组中的【字符间距】下拉按钮，在弹出的下拉列表中调整文本框中文本的字符间距。

设置文本框中文本的行距

选中文本框后，单击【开始】选项卡【段落】命令组中的对话框启动器按钮，在打开的【段落】对话框中可以设置文本框中文本的行距、段落缩进以及行间距。

此外，单击【段落】命令组中的【行距】下拉按钮，从弹出的下拉列表中也可以调整当前选中文本框中文本的行距。

设置文本框中文本的对齐方式

选中 PPT 中的文本框后，单击【开始】选项卡【段落】命令组中的【左对齐】【右对齐】【居中】【两端对齐】或【分散对齐】等按钮，可以设置文本框中文本的对齐方式。

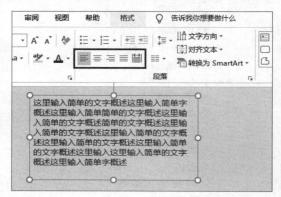

此外，在【段落】对话框中用户可以通过单击【对齐方式】下拉按钮，设置文本框中文本的对齐方式。

设置分栏显示文本

分栏的作用是将文本段落按照两列或更多列的方式排列。下面将以具体实例来介绍设置分栏显示文本的方法。

【例 5-1】在 PPT 中设置分栏显示文本框中的文本。

视频+素材 (素材文件\第 05 章\例 5-1)

step 1 打开"论文答辩"PPT，选中幻灯片中的某个文本框。

step 2 在【开始】选项卡的【段落】命令组中单击【分栏】按钮，从弹出的下拉列表中选择【更多栏】选项。

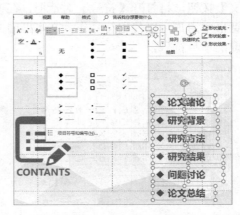

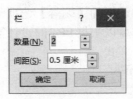

选择需要使用的项目符号命令即可。

step 3 打开【栏】对话框，在数量微调框中输入 2，在【间距】微调框中输入"0.5 厘米"，单击【确定】按钮。

若在项目符号菜单中选择【项目符号和编号】命令，可打开【项目符号和编号】对话框(如下图所示)，在其中可供选择的项目符号类型共有 7 种。

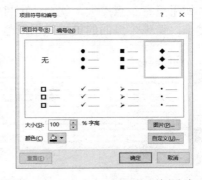

step 4 此时，文本框中的文本将分两栏显示，设置文本字号为 16，拖动鼠标调节文本框的大小。

此外，PowerPoint 还可以将图片或系统符号库中的各种字符设置为项目符号，这样就丰富了项目符号的形式。在【项目符号和编号】对话框中单击【图片】按钮，将打开【插入图片】对话框。

设置项目符号

项目符号在演示文稿中使用的频率很高。在并列的文本内容前都可添加项目符号，默认的项目符号以实心圆点形状显示。要添加项目符号，可将光标定位在目标段落中，在【开始】选项卡的【段落】命令组中单击【项目符号】按钮右侧的下拉箭头，弹出如下图所示的项目符号菜单后，在该菜单中

在【插入图片】对话框中选择【来自文件】选项，在打开的对话框中选择一个图片素材文件，并单击【插入】按钮即可将该图片应用为文本框中文本前的项目符号。

在【项目符号和编号】对话框中单击【自定义】按钮，将打开【符号】对话框，在该对话框中用户可以使用符号作为文本框中文本前的项目符号。

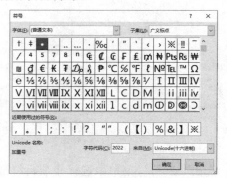

在排版中使用项目符号时，用户应注意以下几点。

▶ 不渺小：当文本框中文字过多时。项目符号如果只有一点点大，就会让项目符号显得渺小，使整个页面的排版效果很差。

▶ 不孤独：不孤独就是不要在页面中单个使用项目符号。项目符号的作用是在告诉观众，页面中有很多个并列关系的条目，如果页面中只有单独一个项目符号，项目符号也就失去了使用的价值。

▶ 不混淆：所谓不混淆就是在一个页面中只使用一组项目符号，如果非要使用多组项目符号，一定要在图形和颜色上有差别。

设置编号

在 PowerPoint【开始】选项卡的【段落】命令组中单击【编号】按钮右侧的下拉箭头，在弹出的编号列表中，用户可以为文本框中的文本选择使用软件内置的编号样式。

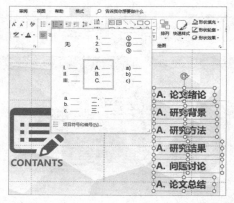

此外，PowerPoint 还允许用户使用自定义编号样式。在上图所示的编号列表中选择【项目符号和编号】选项，将打开【项目符号和编号】对话框的【编号】选项卡，在该选项卡中用户可以根据PPT的设计需要来选择和设置编号样式。

设置文字方向

选中 PPT 中的文本框后，单击【开始】选项卡【段落】命令组中的【文字方向】下拉按钮，在弹出的下拉列表中可以设置文本框中文本的文字方向。例如，下图将文本框中的文字设置为竖排显示。

5.4 对齐页面元素

在制作 PPT 的过程中，当遇到很多素材需要对齐时，许多用户会用鼠标一个一个拖动，然后结合键盘上的方向键，去对齐其他的参考对象。这样做不仅效率低，而且素材歪歪扭扭不那么整齐。下面将介绍如何使用 PowerPoint 2016 中的各种对齐方法，使页面的元素在不同情况下也能按照排版需求保持对齐。

5.4.1 使用智能网格线

在 PowerPoint 2016 中，用户拖动需要对齐的图片、形状或文本框等对象至另一个对象的附近时，软件将显示如下图所示的智能网格线。

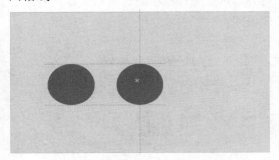

利用智能网格线，用户可以对齐页面中大部分的对象和元素。

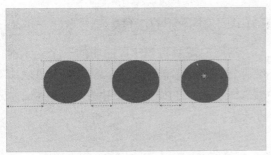

如果软件中没有显示智能网格线，用户可以参考以下方法，将其启用。

step 1 选择【视图】选项卡，单击【显示】命令组中的对话框启动器按钮。

step 2 打开【网格和参考线】对话框，选中【形状对齐时显示智能向导】复选框，然后单击【确定】按钮。

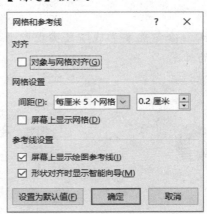

5.4.2 对齐网格线

在 PowerPoint 中按下 Shift+F9 组合键显示网格线后，执行以下操作可以将需要对齐的页面元素靠近网格线对齐。

step 1 在幻灯片中显示网格线后，单击【视图】选项卡【显示】命令组中的对话框启动器按钮，打开【网格和参考线】对话框，选中【对象与网格对齐】复选框，单击【确定】按钮。

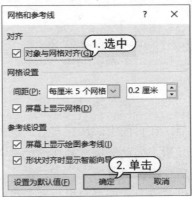

step ② 此时，拖动页面中的元素对象，元素将自动对齐网格线。

step ③ 结合智能参考线即可实现多个元素之间的对齐。

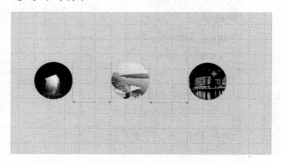

5.4.3 对齐参考线

在页面中按下 Alt+F9 组合键显示参考线后，用户可以根据 PPT 页面版式的设计需要，调整参考线在页面中的位置(按住 Ctrl 键拖动页面中的参考线，可以复制参考线)。

此后，在页面中添加元素后，选中需要调整的元素，拖动鼠标将其移动至参考线附件，然后使用键盘上的上、下、左、右等方向键可以调整元素在页面中与参考线对齐。

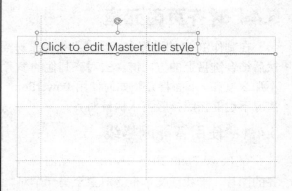

调整参考线的位置，并将元素与参考线对齐，可以确保在移动页面元素时，不会出现偏差。

5.4.4 对齐所选对象

当用户需要将 PPT 页面中的一个元素对齐某个特定的元素时，可以参考以下方法。

step ① 先选中 PPT 页面中作为对齐参考目标的对象。

step ② 再选中需要对齐的元素，单击【格式】选项卡【排列】命令组中的【对齐】下拉按

钮，从弹出的下拉列表中选择【对齐所选对象】选项。

令组中单击【对齐】下拉按钮，从弹出的下拉列表中选择【垂直居中】选项。

step 3 再次单击【对齐】下拉按钮，从弹出的下拉列表中选择【顶端对齐】选项。

step 4 单击【对齐】下拉按钮，从弹出的下拉列表中分别选择【左对齐】和【底端对齐】选项，效果如下图所示。

step 2 将选中的元素设置为垂直页面居中后，再次单击【对齐】下拉按钮，从弹出的下拉列表中选择【横向分布】选项。

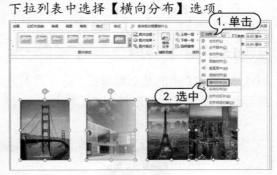

step 3 此时，页面中被选中的元素将横向居中分布在页面中，效果如下图所示。

5.4.5　分布对齐对象

在制作 PPT 时，我们经常需要对页面元素进行对齐排列，虽然智能网格线和参考线能在一定程度上解决这个问题，但却非最快的方法。下面将介绍一种通过【分布】命令快速、等距对齐页面元素的技巧。

1. 横向分布对齐

当用户需要将页面中的元素设置横向均匀分布对齐时，可以参考以下方法。

step 1 按住 Ctrl 键选中页面中需要横向对齐的元素，选择【格式】选项卡，在【排列】命

2. 纵向分布对齐

当用户需要将页面中的元素纵向等距分布排列时，可以参考以下方法。

step 1 按住 Ctrl 键选中页面中需要纵向对齐的元素后，单击【格式】选项卡中的【对齐】

下拉按钮,从弹出的下拉列表中选择【左对齐】选项。

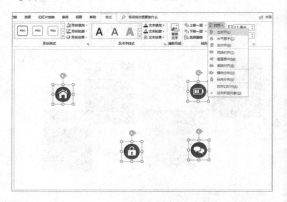

step 2 再次单击【对齐】下拉按钮,从弹出的下拉列表中选择【纵向对齐】选项,即可纵向分布对齐页面中的元素,效果如下图所示。

5.5 旋转页面元素

在 PowerPoint 中,图形、形状、文本框等页面元素都可以旋转。下面将介绍旋转页面元素的常用方法。

5.5.1 自由旋转对象

选中 PPT 中的某个对象后,将在其上方显示如下图所示的圆形控制柄。

将鼠标指针放置在控制柄上方,按住鼠标上下拖动,即可自由旋转对象。

5.5.2 预设旋转对象

如果用户右击 PPT 页面中的某个对象,在弹出的快捷菜单中选择【设置形状格式】命令,打开【设置形状格式】窗格,在该窗格的【大小与属性】选项卡中的【大小】选项组中,可以通过调整【旋转】微调框中的数值来指定对象的旋转角度。

此外,单击【格式】选项卡中的【旋转】下拉按钮,在弹出的下拉列表中也可以设置对象的旋转角度和方向。

5.6 组合页面元素

在 PPT 中，用户可以通过组合页面元素，将多种不同的元素组合在一起，从而得到一个新的组合对象。

5.6.1 组合对象

在 PPT 中选中两个以上的对象后，右击鼠标，在弹出的快捷菜单中选择【组合】|【组合】命令，即可将选中的对象组成一个新的图形对象。

拖动组合后的图形的外边框，用户可以将该图形作为一个整体移动。

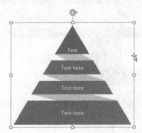

拖动组合后的图形的外边框四周的控制柄，用户可以将组合图形作为一个整体放大或缩小。

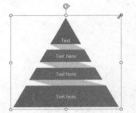

将鼠标指针放置在组合图形顶部的圆形控制柄上，然后按住鼠标左键上下拖动，可以将组合图形作为一个整体旋转。

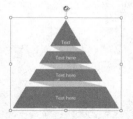

右击组合图形的外边框，在弹出的快捷菜单中选择【另存为图片】命令，可以将组合后的图形保存为图片。

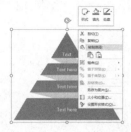

单独选中组合图形中的任意图形(一个或多个)，用户可以调整其在组合图形中的位置。

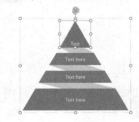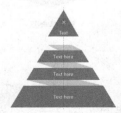

5.6.2 取消组合

当用户不再需要多个图形的组合时，右击组合后的图形，在弹出的快捷菜单中选择【组合】|【取消组合】命令，即可取消图形的组合状态。

5.6.3 重新组合

当某个组合图形被取消组合后，用户只需要选中并右击其中的任意一个图形，从弹出的菜单中选择【组合】|【重新组合】命令，即可将图形重新组合。

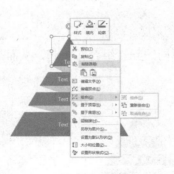

这样，所有被取消组合的图形将立即恢复到原先的组合状态。

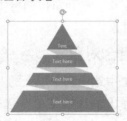

5.7　调整元素图层

所谓"图层"，通俗一点讲就像是含有文字或图形等元素的胶片，一张张按顺序叠放在一起，组合起来形成页面的最终效果，如下图所示。

图层概念图

使用图层制作包含文字、图片和形状的综合图形效果

在实际制作 PPT 时，当同一张 PPT 页面里的元素(文字、图片、形状)太多时，编辑起来就很麻烦。知道了图层概念后，我们就可以利用图层对元素分层进行编辑，将暂时不需要编辑的图层进行隐藏。

在 PowerPoint 中选择【开始】选项卡，在【编辑】命令组中单击【选择】下拉按钮，从弹出的下拉列表中选择【选择窗格】选项，可以打开【选择】窗格。

在【选择】窗格中显示了当前页面中所有的元素对象。

在元素对象列表中，选中任意一个对象，同时也可以在页面中选中该对象。单击某个对象右侧的 👁 按钮，将其状态改为 ▬ ，可以在当前页面中隐藏所选中的对象。

当我们在同一页面添加的动画过多时，也可以利用这种方法，对图层进行隐藏。图层被隐藏后动画窗格里的相应元素的所有动画随即也将被隐藏。

用户也可以在【选择】窗格中通过拖动对象名称，来调整元素图层在页面中的位置，如下所示。

step 1　在【选择】窗格中选中一个图层，将其拖动至另一个图层之上。

step 2　释放鼠标后，在【选择】窗格中位于其他图层之上的图层对象将在页面中优先显示，如下图所示。

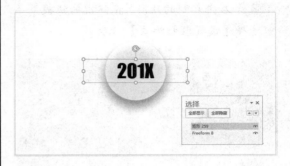

此外，用户可以在页面中通过右击图层，在弹出的快捷菜单中选择【置于顶层】或【置于底层】命令中的子命令来调整某个图层在页面中的显示优先级。

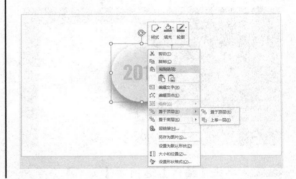

5.8　案例演练

本章详细介绍了 PPT 排版的相关知识，以及在 PowerPoint 中对页面进行排版的工具和方法。下面的案例演练部分将通过实例介绍制作一个分屏式 PPT 页面的方法，用户可以通过该案例演练巩固所学的知识。

【例 5-2】制作一个分屏式 PPT 页面。
视频+素材(素材文件\第 05 章\例 5-2)

step 1　按下 Ctrl+N 组合键创建一个空白 PPT 文档，选择【插入】选项卡，单击【图像】命令组中的【图片】按钮，在页面中插入图像素材。

step 2　单击【插入】选项卡中的【形状】下拉按钮，在页面绘制一个矩形形状。按下 Alt+F9 组合键显示参考线，根据参考线调整

矩形形状的位置和大小。

step 3 保持矩形形状的选中状态，按下
Ctrl+D 组合键将其复制一份，并调整其位置
使其覆盖页面中的另一部分图形。

step 4 右击复制的矩形，在弹出的快捷菜单
中选择【设置形状格式】命令。

step 5 打开【设置形状格式】窗格后，在【填
充】选项组中设置矩形形状的透明度参数为
60%。

step 6 单击【插入】选项卡【文本】命令组
中的【文本框】下拉按钮，在弹出的下拉列
表中选择【横排文本框】选项，在页面中绘
制文本框，并在其中输入文本。

step 7 选中文本框，在【开始】选项卡中设
置文本框中文本的字体、字号和颜色。

step 8 选中步骤2绘制的矩形形状，再次按
下 Ctrl+D 组合键将其复制，然后按住形状四
周的控制柄进行拖动，将形状缩小，如下图
所示。

step 9 右击形状，在弹出的快捷菜单中选择
【编辑文字】命令，在形状中添加如下图所
示的文本。

step 10 再次在页面中插入文本框，并编辑文
本框中的内容，完成页面的设计，效果如下
图所示。

第6章

PPT 动画制作

　　在 PowerPoint 中为 PPT 设置动画包括设置各个幻灯片之间的切换动画与在幻灯片中为某个对象设置动画。通过设定与控制动画效果，可以使 PPT 的视觉效果更加突出，重点内容更加生动。

 本章对应视频 -

6.1 设置 PPT 切换动画

幻灯片切换动画是指一张幻灯片如何从屏幕上消失，以及另一张幻灯片如何显示在屏幕上的方式。幻灯片切换方式可以是简单地以一个幻灯片代替另一个幻灯片，也可以是幻灯片以特殊的效果出现在屏幕上。

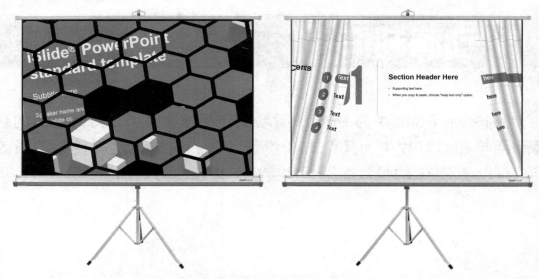

PPT 中幻灯片的切换动画效果

在 PowerPoint 中，用户可以为一组幻灯片设置同一种切换方式，也可以为每张幻灯片设置不同的切换方式。

要为幻灯片添加切换动画，可以选择【切换】选项卡，在【切换到此幻灯片】命令组中进行设置。在该命令组中单击按钮，将打开如下图所示的幻灯片动画效果列表。

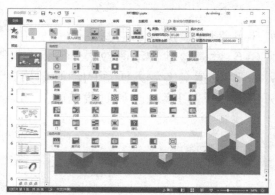

单击选中某个动画后，当前幻灯片将应

用该切换动画，并可立即预览动画效果。

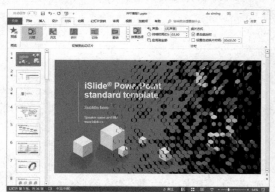

此外，幻灯片中被设置切换动画后，在【切换】选项卡的【预览】命令组中单击【预览】按钮，也可以预览当前幻灯片中设置的切换动画效果。

完成幻灯片切换动画的选择后，在 PowerPoint 的【切换】选项卡中，用户除了可以选择各类动画的"切换方案"外，还可以为所选的切换效果配置音效、改变切换速度和换片方式。

动画切换声音　　　　　是否在单击时切换

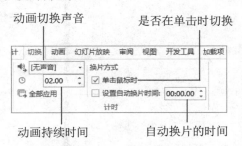

动画持续时间　　　　自动换片的时间

【例6-1】在 PPT 中为幻灯片添加切换动画。

视频+素材 (素材文件\第 06 章\例6-1)

step 1　打开 PPT 后，选择【切换】选项卡，在【切换到此幻灯片】命令组中选择【棋盘】选项。

step 2　在【计时】命令组中单击【声音】下拉按钮，在弹出的下拉列表中选择【风铃】选项，为幻灯片应用该声音效果。

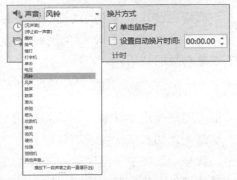

step 3　在【计时】命令组的【持续时间】微调框中输入"00.50"。为幻灯片设置持续时间的目的是控制幻灯片的切换速度，以便查看幻灯片的内容。

step 4　在【计时】命令组中取消选中【单击鼠标时】复选框，选中【设置自动换片时间】复选框，并在其后的微调框中输入"00:05.00"。

step 5　单击【全部应用】按钮，将设置好的计时选项应用到每张幻灯片中。

step 6　单击状态栏中的【幻灯片浏览】按钮，切换至幻灯片浏览视图，查看设置后的自动换片时间。

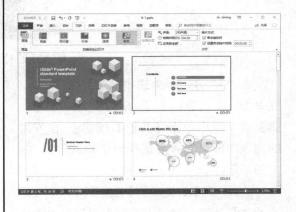

选中幻灯片，打开【切换】选项卡，在【切换到此幻灯片】命令组中单击【其他】按钮，从弹出的【细微型】切换效果列表框中选择【无】选项，即可删除该幻灯片的切换效果。

6.2　制作 PPT 对象动画

所谓对象动画，是指为幻灯片内部某个对象设置的动画效果。对象动画设计在幻灯片中起着至关重要的作用，具体体现在三个方面：一是清晰地表达事物关系，如以滑轮的上下滑动作数据的对比，是由动画的配合体现的；二是更能配合演讲，当幻灯片进行闪烁和变色时，观众的目光就会随演讲内容而移动；三是增强效果表现力，例如设置不断闪动的光影、漫天飞雪、落叶飘零、亮闪闪的效果等。

选择【动画】选项卡

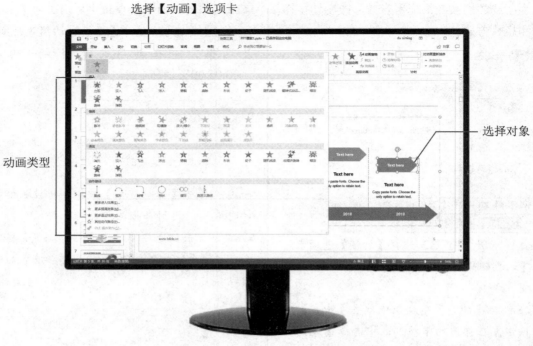

动画类型

选择对象

为幻灯片中的对象设置动画效果

在 PowerPoint 中选中一个对象(图片、文本框、图表等),在【动画】选项卡的【动画】命令组中单击【其他】按钮 ,在弹出的列表中即可为对象选择一个动画效果,如上图所示。

此外,在【高级动画】命令组中单击【添加动画】按钮,在弹出的列表中也可以为对象设置动画效果。

PPT 中的对象动画包含进入、强调、退出和动作路径 4 种效果。其中"进入"是指通过动画方式让效果从无到有;"强调"动画是指本来就有,到合适的时间就显示一下;"退出"是指在已存在的幻灯片中,实现从有到无的过程;"动作路径"指本来就有的动画,沿着指定路线发生位置移动。

下面将通过几个具体的动画制作案例,介绍综合利用以上几种动画类型制作各类 PPT 对象动画的技巧。

6.2.1 制作拉幕动画

很多用户使用 PPT 演示时习惯使用"出现"动画,比如要依次显示幻灯片上的三段文字,就分别添加三个出现动画。这种表现方式虽然简单直接,但在演示文稿中经常显示,就会使 PPT 显得有些单调。

下面将介绍一种"拉幕"动画效果,该动画可以通过移动遮盖的幕布逐渐呈现幻灯片,使 PPT 演示的内容始终汇聚在文档中最重要的位置上,从而达到吸引观看者注意力的效果。

【例6-2】在 PPT 中设置一个拉幕效果的对象动画。
🔵 视频+素材 (素材文件\第 06 章\例 6-2)

step 1 按下 Ctrl+N 组合键新建一个空白演示文稿后,输入以下文本内容。

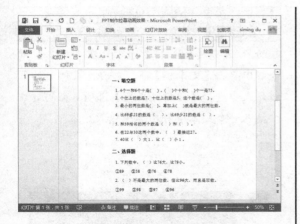

step 2 选择【插入】选项卡，在【插图】命令组中单击【形状】按钮，在弹出的列表中选择【矩形】选项，在幻灯片中绘制一个矩形图形，遮挡住一部分内容。

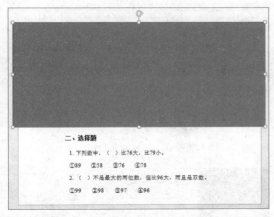

step 3 在【格式】选项卡的【形状样式】命令组中单击【形状填充】按钮，在弹出的列表中选择【白色】色块。

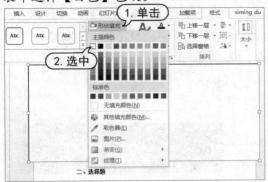

step 4 在【形状样式】命令组中单击【形状

轮廓】按钮，在弹出的列表中选择【黑色】色块。

step 5 选择【动画】选项卡，在【高级动画】命令组中单击【添加动画】按钮，在弹出的列表中选择【更多退出动画】选项，打开【添加退出效果】对话框，选中【切出】选项，然后单击【确定】按钮。

step 6 选中幻灯片中的矩形图形，按下 Ctrl+D 组合键复制图形，然后拖动鼠标将复制后的图形移动到如下图所示的位置。

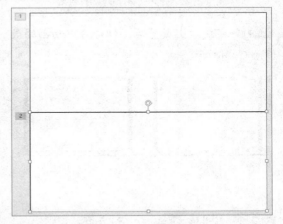

step 7 在【动画】选项卡的【高级动画】命令组中单击【动画窗格】按钮，打开【动画窗格】窗格。

step 8 在【动画窗格】窗格中按住 Ctrl 键选中两个动画，右击鼠标，在弹出的快捷菜单中选择【计时】选项。

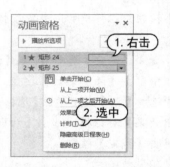

step 9 打开【切出】对话框的【计时】选项卡，单击【开始】按钮，在弹出的下拉列表中选择【单击时】选项，单击【期间】下拉按钮，在弹出的下拉列表中选择【非常慢(5 秒)】选项，然后单击【确定】按钮。

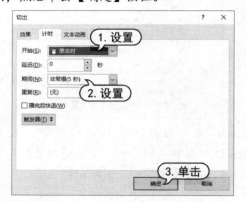

step 10 完成以上设置后，幻灯片中动画的效果如下图所示。

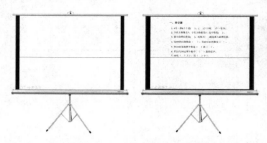

6.2.2 制作叠影文字动画

在工作汇报等演示场合中，如果需要给 PPT 标题添加具有视觉冲击效果的动画，以呈现特别重要的信息，用户可以参考下面介绍的方法，在页面中设置叠影动画效果，以实现目标。

【例 6-3】设置一个叠影效果的动画。

视频+素材 (素材文件\第 06 章\例 6-3)

step 1 选择【插入】选项卡，在【文本】命令组中单击【文本框】下拉按钮，在弹出的下拉列表中选择【横排文本框】选项，在幻灯片中插入一个文本框并在其中输入文本。

step 2 选中幻灯片中的文本框，选择【动画】选项卡，在【高级动画】命令组中单击【添加动画】下拉按钮，在弹出的下拉列表中选择【出现】进入动画。

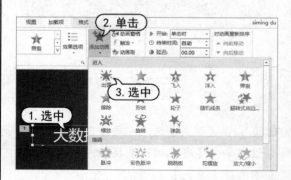

step 3 再次单击【添加动画】下拉按钮，在弹出的下拉列表中选择【放大/缩小】强调动画，选择【淡出】退出动画。

step 4 单击【高级动画】命令组中的【动画窗格】按钮，在打开的窗格中按住 Ctrl 键选中所有动画，然后在【计时】命令组中将【开始】设置为【与上一动画同时】，如下图所示。

step 5 在【动画窗格】窗格中选中"放大/缩小"动画，在【计时】命令组中将【持续时间】设置为"00.50"。

step 6 选中幻灯片中的文本框，按下 Ctrl+D 组合键将其复制一份，然后在【动画窗格】窗格中按住 Ctrl 键选中复制文本框的动画组合，在【计时】命令组中将【延迟】设置为"00.10"。

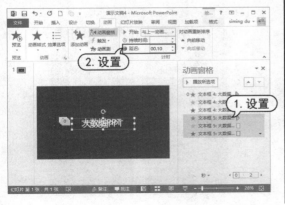

step 7 拖动鼠标，将幻灯片中的两个文本框对齐。

step 8 重复步骤 6~7 的操作，再复制一个幻灯片中的文本框，将其上所有动画的【延迟】设置为"00.20"。此时，【动画窗格】窗格如下图所示。

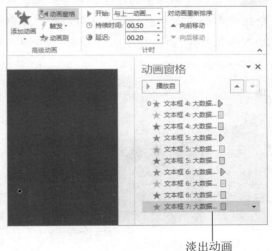

step 9 选中幻灯片中的一个文本框，按下 Ctrl+D 组合键将其复制一份，然后选择复制后的文本框，在【动画】选项卡的【动画】命令组中选中【淡出】选项，用"淡出"动画替换该文本框中的其他动画。

step 10 在【计时】命令组中将"淡出"动画的【开始】参数设置为【与上一动画同时】。

淡出动画

step 11 按住并拖动鼠标，将幻灯片中的两个文本框对齐。

step 12 在【预览】命令组中单击【预览】按钮★即可预览幻灯片中叠影文字的动画效果。

6.2.3 制作运动模糊动画

在 PowerPoint 中，巧妙地设置各种对象动画，也可以制作出类似 Flash 中的运动模糊动画效果。下面将通过实例详细介绍实现方法。

【例6-4】设置一个运动模糊动画。
🎬视频+素材(素材文件\第 06 章\例6-4)

step 1 选择【插入】选项卡，在【图像】命令组中单击【图片】按钮，在当前幻灯片中插入一张图片，并按下 Ctrl+D 组合键将图片复制一份。

step 2 右击幻灯片中复制的图片，在弹出的快捷菜单中选择【设置图片格式】命令，打开【设置图片格式】窗格，单击【图片】选项🖼，将【清晰度】设置为"-100%"。

step 3 选中步骤 1 插入幻灯片的图片，按下 Ctrl+D 组合键将其复制一份。按住 Shift 键拖动复制后的图片四周的控制点将其放大。

step 4 选择【格式】选项卡，在【大小】命令组中单击【裁剪】按钮，然后拖动图片四周的裁剪边，裁剪图片的大小，如下图所示。

step 5 按下 Ctrl+D 组合键，将裁剪后的图片复制一份，然后选中复制的图片，在【设置图片格式】窗格中将图片的清晰度设置为"-100%"，效果如下图所示。

step 6　将上图所示 4 张图片中左上角的图片拖动至幻灯片舞台的正中间，选择【动画】选项卡，在【动画】命令组中选中【淡出】选项，为图片设置"淡出"动画。

step 7　在【计时】命令组中单击【开始】下拉按钮，在弹出的下拉列表中选择【与上一动画同时】选项，然后单击【高级动画】命令组中的【动画窗格】按钮。

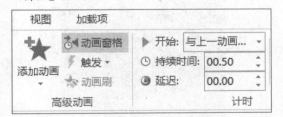

step 8　将第 2 张图片拖动至幻灯片中，与第 1 张图片重叠，然后为其设置"淡出"动画，并设置【开始】选项为"与上一动画同时"。

step 9　重复以上操作，设置第 3 张和第 4 张图片，完成后的效果如下图所示。

step 10　在【动画窗格】窗格中按住 Ctrl 键选中所有图片动画，在【动画】选项卡的【计时】命令组中设置动画的持续时间为"00.50"，【延迟】为"00.50"。

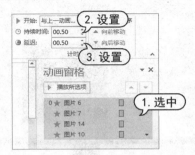

step 11　在【动画窗格】窗格中选中第 2 个图片动画，在【计时】命令组中将【延迟】设置为"01.00"。

step 12　在【动画窗格】窗格中选中第 3 个图片动画，在【计时】命令组中将【延迟】设置为"01.50"。

step 13　在【动画窗格】窗格中选中第 4 个图

片动画，在【计时】命令组中将【延迟】设置为"02.00"。

step ⑭ 在【预览】组中单击【预览】按钮，即可在幻灯片中浏览运动模糊动画效果。

6.2.4 制作汉字书写动画

使用 Flash 等动画软件制作模拟汉字书写效果的动画非常简单。在 PowerPoint 2016 中其实也可以，原理也基本类似，具体如下。

【例6-5】制作一个模拟汉字书写的动画。
视频+素材（素材文件\第 06 章\例 6-5）

step ① 选择【插入】选项卡，在【文本】命令组中单击【文本框】下拉按钮，在弹出的下拉列表中选择【横排文本框】选项，在幻灯片中插入一个文本框并在其中输入文字"汉"。

step ② 在【插图】命令组中单击【形状】下拉按钮，在弹出的下拉列表中选择【矩形】选项，在幻灯片中绘制一个矩形图形。

step ③ 选中矩形图形，在【格式】选项卡的【形状样式】命令组中单击【形状轮廓】下拉按钮，在弹出的下拉列表中选择【无轮廓】选项。

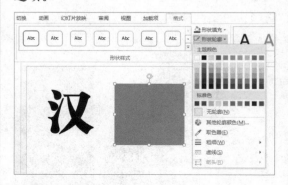

step ④ 将幻灯片中的矩形图片拖动至文本"汉"的上方，然后按下 Ctrl+A 组合键，同时选中幻灯片中的文本框和矩形图形。

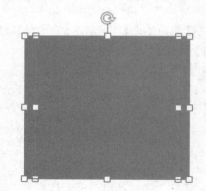

step ⑤ 选择【格式】选项卡，在【插入形状】命令组中单击【合并形状】下拉按钮，在弹出的下拉列表中选择【拆分】选项。

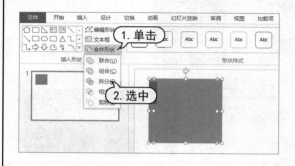

step ⑥ 矩形图形和汉字将被拆分合并，删除其中多余的图形。

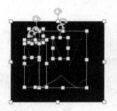

step 7 此时，幻灯片中的文字将被拆分为以下 4 个部分。

step 8 选中汉字右侧的"又"，按下 Ctrl+D 组合键，将其复制两份。

step 9 选中并右击左侧的"又"图形，在弹出的快捷菜单中选择【编辑顶点】命令，通过拖动控制点对图形进行编辑(右击不需要的控制点，在弹出的快捷菜单中选择【删除顶点】命令)，使其效果如下图所示。

step 10 使用同样的方法，编辑中间和右侧的两个"又"图形，使其效果如下图所示。

step 11 将拆分后的笔画组合在一起。

step 12 选中"汉"字的第一笔"、"，选择【动画】选项卡，在【动画】命令组中选择【擦除】选项，然后单击【效果选项】下拉按钮，在弹出的下拉列表中根据该笔画的书写顺序选择【自顶部】选项，如下图所示。

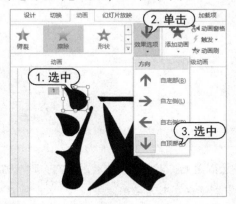

step 13 选中"汉"字的第二笔"、"，选择【动画】选项卡，在【动画】命令组中选择【擦除】选项，然后单击【效果选项】下拉按钮，在弹出的下拉列表中根据该笔画的书写顺序选择【自左侧】选项，如下图所示。

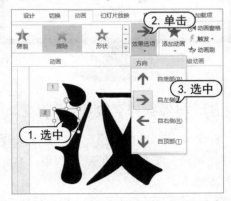

step 14 重复以上操作，为"汉"字的其他笔顺设置"擦除"动画，并根据笔画的书写顺序设置【效果选项】参数。

step 15 在【动画】选项卡的【高级动画】命

令组中单击【动画窗格】按钮，在打开的窗格中按住 Ctrl 键选中所有动画，然后在【计时】命令组中设置动画的"持续时间"和"延迟"。

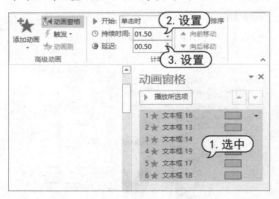

step 16 最后，按下 F5 键放映 PPT，即可在页面中浏览汉字书写动画效果。

6.2.5 制作数字钟动画

在 PowerPoint 中，用户可以通过设置动作路径动画，实现数字钟动画效果，具体操作步骤如下。

【例 6-6】设置一个数字钟动画。

视频+素材（素材文件\第 06 章\例 6-6）

step 1 选择【插入】选项卡，在【插图】命令组中单击【形状】下拉按钮，在弹出的下拉列表中选择【矩形】选项，在幻灯片中绘制一个矩形图形覆盖整个页面。

step 2 选择【格式】选项卡，在【形状样式】命令组中单击【形状轮廓】下拉按钮，在弹出的下拉菜单中选择【无轮廓】选项。

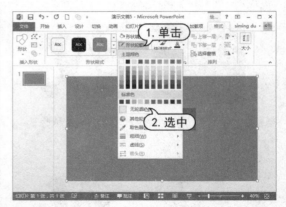

step 3 重复步骤 1、2 的操作，在幻灯片中再插入一个矩形图形，并将其设置为"无轮廓"。

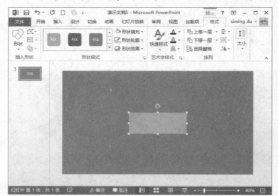

step 4 先选中幻灯片中的大矩形图形，再按住 Ctrl 键选中小矩形图形，在【格式】选项卡的【插入形状】命令组中单击【合并形状】下拉按钮，在弹出的下拉列表中选择【剪除】选项。

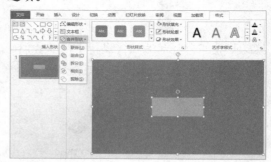

step 5 此时，幻灯片中的大矩形图形将被挖空，形成蒙版。

step 6 在【插入】选项卡的【文本】命令组中单击【文本框】下拉按钮，在弹出的下拉

列表中选择【横排文本框】选项，在幻灯片
中插入一个文本框，并在其中输入文本。

step ⑦　设置好文本框中文本的位置后，参照
该文本位置将文本框修改为 4 个文本框，如下
图所示。其中，在左起第 1 个文本框中输入"2"，
第 2 个文本框中输入"0"，第 3 个文本框中
输入"0、1、2"，第 4 个文本框中输入"0~9"
的 10 个数字。

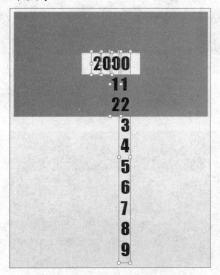

step ⑧　选中第 4 个文本框，在【动画】选项
卡的【动画】命令组中单击【添加动画】下拉
按钮，在弹出的下拉列表中选择【直线】动作
路径动画。

step ⑨　在【高级动画】命令组中单击【动画
窗格】按钮，在打开的窗格中选中添加的动作
路径动画，然后单击【动画】命令组中的【效
果选项】下拉按钮，在弹出的下拉列表中选择
【上】选项。

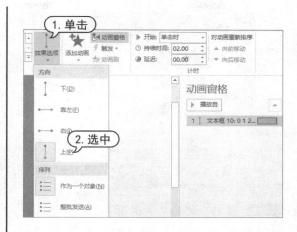

step ⑩　用鼠标按住幻灯片中的路径控制点向
上拖动，将动画数字 8 拖动到数字 0 的位置，
如下图所示。

拖动路径控制点

step ⑪　在【计时】命令组中将【持续时间】
设置为 10，将【开始】参数设置为【与上一动
画同时】。

step ⑫　选中幻灯片中的第 3 个文本框，重复
步骤 8~11 的操作，为该文本框设置"直线"
动作路径动画，并调整动画效果，将动画数字
2 拖动到数字 0 的位置上。

step ⑬　按住 Shift 键选中幻灯片中的 4 个文本
框，右击鼠标，在弹出的快捷菜单中选择【置
于底层】|【置于底层】命令。

step 14 最后,将幻灯片的背景颜色设置为与矩形图形一致,动画的设置效果如下图所示。

step 15 最后,按下 F5 键放映 PPT,即可在页面中浏览数字钟动画效果。

6.2.6 制作浮入效果动画

通过在多个文本对象上设置"浮入"动画,可以在 PPT 中创建出文本逐渐进入画面的效果,下面通过实例详细介绍。

| 【例6-7】设置文本浮入画面的动画效果。 |
| 视频+素材(素材文件\第06章\例6-7) |

step 1 选择【插入】选项卡,在【文本】命令组中单击【文本框】下拉按钮,在弹出的下拉列表中选择【横排文本框】选项,在幻灯片中插入一个文本框,并在其中输入一个汉字。

step 2 选中幻灯片中的文本框,选择【动画】选项卡,在【高级动画】命令组中单击【添加动画】下拉按钮,在弹出的下拉列表中选择【浮入】进入动画。

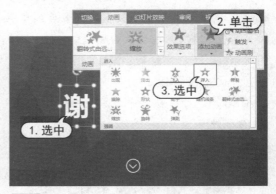

step 3 选中幻灯片中的文本框,按下 Ctrl+D 组合键,将其复制多份,然后修改复制的文本框中的内容。

step 4 选中幻灯片中所有的文本框,在【动画】选项卡的【动画】命令组中选中【浮入】选项,为幻灯片中的文本框对象设置"浮入"动画。

step 5 选中幻灯片中的"谢"字和"看"字文本框,在【动画】选项卡的【动画】命令组中单击【效果选项】下拉按钮,在弹出的下拉列表中选择【下浮】选项。

step 6 在【高级动画】命令组中单击【动画窗格】按钮，打开【动画窗格】窗格。

step 7 在【动画】选项卡的【计时】命令组中单击【开始】下拉按钮，在弹出的下拉列表中选择【与上一动画同时】选项，在【持续时间】文本框中输入 00.75。

step 8 在【动画窗格】窗格中选中第 2 个"谢"

字上的动画，在【计时】命令组中将【延迟】设置为 01.00。

step 9 在【动画窗格】窗格中选中"观"字上的动画，在【计时】命令组中将【延迟】设置为 02.00；选中"看"字上的动画，将动画的【延迟】设置为 03.00。

step 10 按下 F5 键放映 PPT，即可在幻灯片中预览浮入动画的效果。

6.3　控制 PPT 动画时间

对很多人来说，在 PPT 中添加动画是一件非常麻烦的工作：要么动画效果冗长拖沓，喧宾夺主；要么演示时手忙脚乱，难以和演讲精确配合。之所以会这样，很大程度是他们不了解如何控制 PPT 动画的时间。

文本框、图形、照片的动画时间多长？重复几次？各个动画如何触发？是单击鼠标后直接触发，还是在其他动画完成之后自动触发？触发后是立即执行，还是延迟几秒钟之后再执行？这些设置虽然基本，但却是 PPT 动画制作的核心。

6.3.1　对象动画的时间控制

下面将从触发方式、动画时长、动画延迟和动画重复这 4 个方面介绍如何设置对象动画的控制时间。

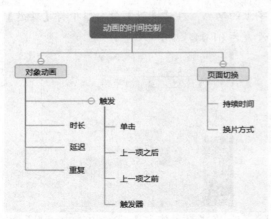

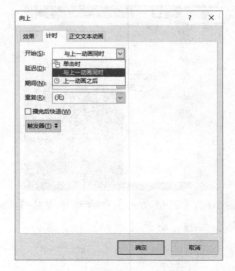

1. 触发方式

PPT 对象的动画有三种触发方式，一是通过单击鼠标的方式触发，一般情况下添加的动画默认就是通过单击鼠标来触发的；二是与上一动画同时，指的是上一个动画触发的时候，也会同时触发这个动画；三是上一动画之后，是指上一个动画结束之后，这个动画就会自动被触发。

选择【动画】选项卡，单击【高级动画】命令组中的【动画窗格】选项显示【动画窗格】窗格，然后单击该窗格中动画后方的倒三角按钮，从弹出的菜单中选择【计时】选项，可以打开动画设置对话框。

不同动画，打开的动画设置对话框的名称各不相同，以下图所示的【向上】对话框为例，在该对话框的【计时】选项卡中单击【开始】下拉按钮，在弹出的下拉列表中可以修改动画的触发方式。

其中，通过单击鼠标的方式触发又可分为两种，一种是在任意位置单击鼠标即可触发，一种是必须单击某一个对象才可以触发。前者是 PPT 动画默认的触发类型，后者就是我们常说的触发器了。单击上图所示对话框中的【触发器】按钮，在显示的选项区域中，用户可以对触发器进行详细设置。

下面以 A 和 B 两个对象动画为例，介绍几种动画触发方式的区别。

▶ 设置为【单击时】触发：当 A、B 两个动画都是通过单击鼠标的方式触发时，相当于分别为这两个动画添加了一个开关。单击一次鼠标，第一个开关打开；再单击一次鼠标，第二个开关打开。

▶ 设置为【与上一动画同时】触发：当 A、B 两个动画中 B 动画的触发方式设置为 "与上一动画同时" 时，则意味着 A 和 B 动画共用了同一个开关，当鼠标单击打开开关后，两个对象的动画就同时执行。

▶ 设置为【上一动画之后】触发：当 A、B 两个动画中 B 的动画设置为 "上一动画之后" 时，A 和 B 动画同样共用了一个开关，所不同的是，B 的动画只有在 A 的动画执行完毕之后才会执行。

▶ 设置触发器：当用户把一个对象设置为对象 A 的动画的触发器时，意味着该对象变成了动画 A 的开关，单击对象，意味着开关打开，A 的动画开始执行。

2. 动画时长

动画的时长就是动画的执行时间，PowerPoint 在动画设置对话框中(以下图所示的【向上】对话框为例)预设了 5 种时长，分别为非常快、快速、中速、慢速、非常慢，分别对应 0.5~5 秒不等。实际上，动画的时长可以设置为 0.01 秒到 59.00 秒之间的任意数字。

3. 动画延迟

延迟时间，是指动画从被触发到开始执

行所需的时间。为动画添加延迟时间，就像是把普通炸弹变成了定时炸弹。与动画的时长一样，延迟时间也可以设置为 0.01 秒到 59.00 秒之间的任意数字。

以下图中所设置的动画选项为例。

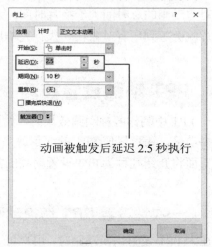

动画被触发后延迟 2.5 秒执行

上图中的【延迟】参数设置为 2.5，表示动画被触发后，将再过 2.5 秒才执行(若将【延迟】参数设置为 0，则表示动画被触发后将立即开始执行)。

4. 动画重复

动画的重复次数是指动画被触发后连续执行几次。值得注意的是，重复次数未必非要是整数，小数也可以。当重复次数为小数时，动画执行到一半就会戛然而止。换言之，当为一个退出动画的重复次数设置为小数时，这个退出动画实际上就相当于一个强调动画。

在上图所示的动画设置对话框中，单击【重复】下拉按钮，即可在弹出的下拉列表中为动画设置重复次数。

6.3.2　PPT 切换时间的控制

与对象动画相比，页面切换的时间控制就简单得多。页面切换的时间控制是通过两个参数完成的，一个是持续时间，也就是翻页动画执行的时间；另一个是换片方式。当幻灯片切换被设置为自动换片时，所有对象的动画将会自动播放。如果这一页 PPT 里所有对象动画执行的总时间小于换片时间，那么换片时间一到，PPT 就会自动翻页；如果所有对象动画的总时间大于换片时间，那么幻灯片就会等到所有对象自动执行完毕后再翻页。

页面切换动画时长

设置所有对象的动画是否自动依次执行

6.4　PPT 动画设置技巧

在 PPT 中制作各种动画效果时，如果用户能够掌握并熟练应用一些动画设置技巧，不仅会事半功倍，还可以使 PPT 的演示效果更加精彩。

下面将介绍几种为 PPT 设置动画的常用技巧。

6.4.1　一次性设置 PPT 切换动画

在为 PPT 设置切换动画时，用户可以参考以下方法，快速为 PPT 中的所有幻灯片同时设置相同的动画效果。

step 1 选择 PPT 中的任意一个幻灯片后，在【切换】选项卡的【切换到此幻灯片】命令组中为该幻灯片设置切换动画。

step 2 在【计时】命令组中单击【全部应用】按钮，即可将设置的切换动画一次性地应用到 PPT 中的所有幻灯片。

6.4.2　自定义切换动画持续时间

为 PPT 中的幻灯片添加切换动画后，用户可以调整切换动画的播放速度。具体方法是：选择【切换】选项卡，在【计时】命令组中的【持续时间】文本框中输入动画的持续时间。

一般情况下，为了保持 PPT 整体播放效果的统一，我们会为所有的切换动画设置相同的切换速度。

6.4.3　设置动画自动切换时间

切换 PPT 幻灯片通常有两种方法，一种是单击鼠标，另一种是通过设置自动切换时间来实现幻灯片的自动切换。后者适用于阅读浏览型 PPT，其具体设置方法如下。

step 1 为幻灯片设置切换动画后，选择【切换】选项卡，在【计时】命令组中选中【设置自动换片时间】复选框，并在其后的文本框中输入自动换片时间。

step 2 按下 F5 键预览 PPT，幻灯片将按设置的时间自动切换。

6.4.4　快速清除所有切换动画

如果用户需要清除 PPT 中所有幻灯片上设置的切换动画，可以参考以下方法进行操作。

step 1　选择【视图】选项卡，在【演示文稿视图】命令组中单击【幻灯片浏览】按钮，进入幻灯片浏览视图。

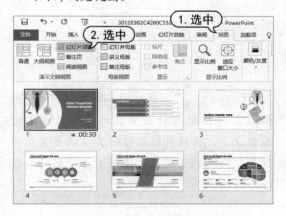

step 2　按下 Ctrl+A 组合键，选中所有幻灯片，选择【切换】选项卡，在【切换到此幻灯片】命令组中选择【无】选项即可。

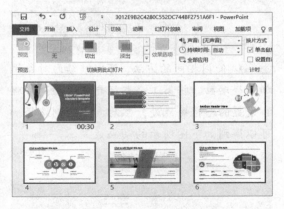

6.4.5　对单一对象指定多种动画

如果用户需要在对象动画中重点突出显示某个对象，可以为其单独设置"进入""强调"或"退出"等多种动画效果，下面以设置"浮入"和"放大/缩小"动画效果为例，介绍设置方法。

step 1　选中幻灯片中的对象后，在【动画】选项卡的【高级动画】命令组中单击【添加动画】下拉按钮，在弹出的下拉列表中选择【浮入】选项，为对象先设置"浮入"动画样式。

step 2　此时，对象前将显示数字编号"1"，再次单击【添加动画】下拉按钮，从弹出的下拉列表中选择【更多强调效果】选项，打开【添加强调效果】对话框，选中【放大/缩小】选项，然后单击【确定】按钮。

step 3　此时，对象上将显示下图所示的"1"和"2"两个数字编号，对象同时具备两种动画效果。

PowerPoint 2016 幻灯片制作案例教程

6.4.6 让动画对象按路径运动

路径动画是 PPT 中非常有趣的动画效果，用户可以通过设置路径让幻灯片中的某个对象进行上、下、左、右移动，或者沿着路径移动。这种一般只能在 Flash 软件中实现的特殊效果，利用 PowerPoint 也可以在 PPT 中实现，具体设置方法如下。

step 1 选中 PPT 中的对象后，单击【动画】选项卡中的【更多】按钮，在弹出的列表中选择【其他动作路径】选项。

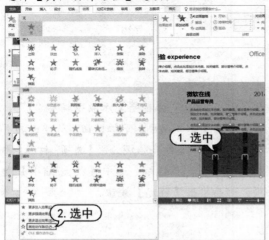

step 2 打开【更改动作路径】对话框，选择一种路径，例如【向左】选项，然后单击【确定】按钮。

step 3 此时，PowerPoint 将默认在幻灯片中添加一条运动路径，该路径不一定能够满足 PPT

制作的需求，因此用户需要对其进行调整。

step 4 将鼠标指针放置在运动路径红色的控制点上，按住鼠标左键将其拖动至需要的位置。放映 PPT 时，对象将沿着设置的路径进行运动。

step 5 使用相同的方法，可以继续为对象添加路径动画。将第 1 个路径起点移动到步骤 4 设置的路径终点处，然后向上绘制路径，可以得到如下图所示的动画效果。

6.4.7 为图表设置轮子动画效果

PPT 中的每一种动画都有其存在的价值，用户可以根据对象的特点使用动画。例如，在饼图图表中可以使用轮子动画，实现一个轮状播放的图表显示效果，具体方法如下。

156

step 1 选中 PPT 中的饼图,单击【动画】选项卡中的【更多】按钮,在弹出的列表中选择【轮子】选项。

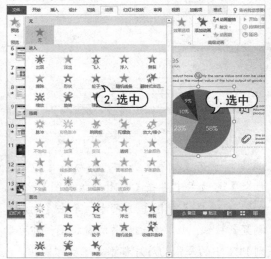

step 2 单击【动画】命令组中的【动画选项】下拉按钮,在弹出的下拉列表中用户可以设置轮子播放的轮辐图案。

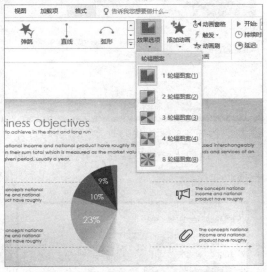

6.4.8 删除 PPT 中多余的动画

如果用户对 PPT 中设置的动画效果不满意,可以参考以下方法,将目标动画删除。

step 1 选择【动画】选项卡,选中 PPT 中需要删除的动画的数字编号,此时被选中的数字编号将变为红色。

step 2 在【动画】命令组中单击【无】选项,即可将选中的动画删除。

如果用户需要删除幻灯片中的所有动画,可以按下 Ctrl+A 组合键选中幻灯片中的所有对象,然后再单击【动画】命令组中的【无】选项。

6.4.9 为 PPT 添加切换动作按钮

动作按钮用于将制作好的幻灯片转到下一张、第一张或最后一张幻灯片,也可以用于播放声音、视频。用户如果要为 PPT 中的每一张幻灯片都添加相同的动作按钮,可以参考以下方法。

step 1 选择【视图】选项卡,在【母版视图】命令组中单击【幻灯片母版】按钮,进入下图所示的幻灯片母版视图。

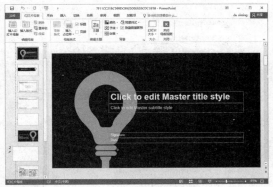

step 2 选择【插入】选项卡,在【插图】命令组中单击【形状】下拉按钮,从弹出的下拉列表中选择【动作按钮】栏下的动作按钮(例如,选择【上一张】选项)。

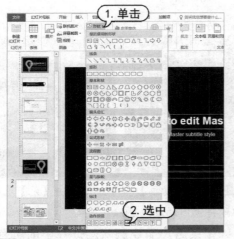

step 3 在幻灯片中按住鼠标左键拖动，绘制一个大小合适的动作按钮。

step 4 打开【操作设置】对话框，选中【超链接到】单选按钮，然后单击其下的下拉按钮，在弹出的下拉列表中选择【上一张幻灯片】选项。

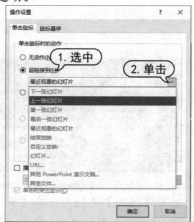

step 5 选中【播放声音】复选框，然后单击其下的下拉按钮，在弹出的下拉列表中为动作按钮设置声音效果(例如，选择【打字机】音效)。

step 6 单击【确定】按钮，然后在【幻灯片母版】选项卡中单击【关闭母版视图】按钮。

step 7 选择【视图】选项卡，单击【幻灯片浏览】按钮，切换到幻灯片浏览视图，即可看到 PPT 中的每张幻灯片都添加了动作按钮。

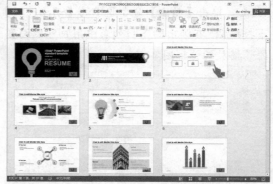

step 8 按下 F5 键放映幻灯片，单击幻灯片中添加的"返回上一张"按钮，用户可以返回上一张幻灯片。

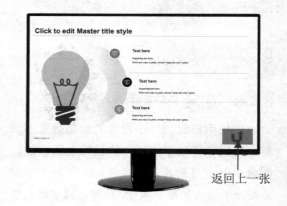

返回上一张

6.4.10　重新调整动画的播放顺序

在放映 PPT 时，默认放映顺序是按照用户制作幻灯片内容时设置动画的先后顺序进行的。在对 PPT 完成所有动画的添加后，如果在预览时发现效果不佳，可以参考以下方法调整动画的播放顺序。

step 1 选择【动画】选项卡，在【高级动画】命令组中单击【动画窗格】按钮，显示【动画窗格】窗格。

step 2 在【动画窗格】窗格中选中需要调整的动画，单击【向上移动】按钮 或【向下移动】按钮 ，即可调整该动画在幻灯片中的播放顺序。

此外，用户还可以在【动画窗格】窗格中通过拖动的方式，将选中的动画拖动到指定的位置，改变其播放顺序。

6.4.11　设置某个对象始终运动

在 PPT 中播放动画时，通常情况下动画

播放一次就会停止，为了突出显示幻灯片中的某个对象，用户可以设置让其始终保持播放动画状态，具体方法如下。

step 1 选中 PPT 中设置动画的对象后，单击【动画】选项卡中的【动画窗格】按钮，显示【动画窗格】窗格。

step 2 在【动画窗格】窗格中单击动画后的倒三角按钮，从弹出的列表中选择【效果选项】选项。

step 3 在打开的对话框中选择【计时】选项卡，单击【重复】下拉按钮，从弹出的下拉列表中选择【直到幻灯片末尾】选项。

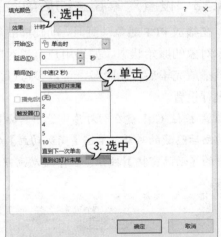

step 4 单击【确定】按钮后，在播放 PPT 时，幻灯片中的动画将反复播放。

6.4.12　设置多个动画同时播放

在为 PPT 设计动画时，将多个动画设置为同时播放可以获得更强的视觉冲击效果。通过 PowerPoint 设置多个动画同时播放的操

作方法如下。

step 1 选择【动画】选项卡，在【高级动画】命令组中单击【动画窗格】按钮显示【动画窗格】窗格。

step 2 在【动画窗格】窗格中按住 Ctrl 键选中需要同时播放的动画，然后单击动画右侧的倒三角按钮，从弹出的列表中选择【从上一项开始】选项。

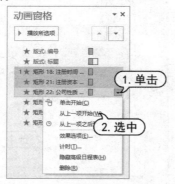

step 3 此后，被选中的动画将会在幻灯片中同时播放。

6.4.13　设置对象在运动后隐藏

在播放 PPT 对象动画时，动画播放后会显示对象的原始状态。如果用户希望对象在动画播放完毕后自动隐藏，可以参考以下方法进行设置。

step 1 按住 Ctrl 键在幻灯片中选中需要在播放动画后隐藏的对象，单击【高级动画】命令组中的【动画窗格】按钮，显示【动画窗格】窗格。

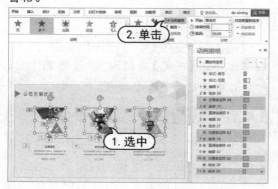

step 2 在【动画窗格】窗格中单击动画后的倒三角按钮，从弹出的列表中选择【效果选项】选项。打开【效果选项】对话框，选择【效果】选项卡，单击【动画播放后】下拉按钮，从弹出的下拉列表中选择【播放动画后隐藏】选项。

step 3 单击【确定】按钮，然后预览动画播放效果，即可看到对象在动画播放结束后自动隐藏。

6.4.14　设置文字动画按字/词显示

在 PPT 中为一段文字设置动画效果后，PowerPoint 默认将文字作为一个整体来播放，即在播放动画时整段文字同时显示。在实际工作中，用户可以在 PowerPoint 中通过设置使一段文字动画按字、词逐渐显示，具体方法如下。

step 1 选择【动画】选项卡，单击【动画窗格】按钮显示【动画窗格】窗格。选中幻灯片中需要按字/词显示的文字对象，单击【动画窗格】中动画后方的倒三角按钮，从弹出的菜单中选择【效果选项】选项。

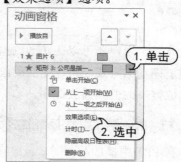

step 2 在打开的对话框中选择【效果】选项卡，单击【动画文本】下拉按钮，从弹出的下拉列表中选择【按字/词】选项。

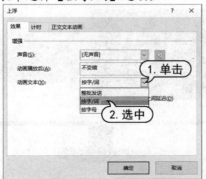

step 3 单击【确定】按钮，返回幻灯片，即可在播放动画时，按字、词逐渐显示文字。

6.4.15　设置播放后的文本变色

在 PowerPoint 中为文本设置动画效果时，用户可以参考以下方法，设置文字在播放结束后自动变色。

step 1 在幻灯片中选中要设置动画的文本对象后，单击【动画】选项卡中的【动画窗格】按钮，显示【动画窗格】窗格。

step 2 在【动画窗格】窗格中单击动画右侧的倒三角按钮，从弹出的列表中选择【效果选项】选项。

step 3 在打开的对话框中选择【效果】选项卡，单击【动画播放后】下拉按钮，从弹出的下拉列表中选择【其他颜色】选项。

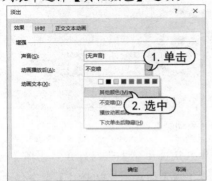

step 4 打开【颜色】对话框，选择一种颜色后单击【确定】按钮。

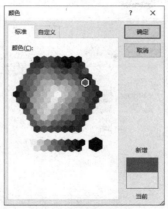

step 5 返回上一级对话框，单击【确定】按钮，即可设置文本在动画播放后自动改变自身的颜色。

6.4.16　为 PPT 中的动画设置声音

在默认情况下，为幻灯片中的对象添加的动画是没有声音的。用户可以根据 PPT 的制作需要，为其中的图片设置动画声音，使其在显示时自动播放特殊音效，吸引观众的注意力，具体方法如下。

step 1 选中 PPT 中的图片后，在【动画】选项卡中单击【动画窗格】按钮，显示【动画窗格】窗格。

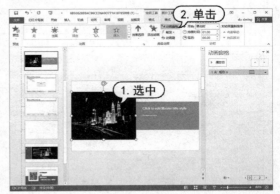

step 2 在【动画窗格】窗格中右击动画右侧的倒三角按钮，从弹出的列表中选择【效果选项】选项。

step 3 在打开的对话框中选择【效果】选项卡，单击【声音】下拉按钮，从弹出的下拉列表中选择一种声音。

step 4 单击【确定】按钮，按下 F5 键预览 PPT，

在显示图片上的动画时将自动播放声音。

6.5 案例演练

本章通过大量操作讲解了使用 PowerPoint 制作与设置 PPT 动画的方法与技巧。下面的案例演练将介绍在下图所示的 4 个 PPT 页面中设置幻灯片切换动画和对象动画的方法，用户可以通过该案例巩固所学的知识。

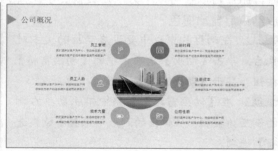

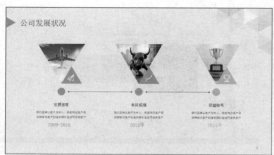

为幻灯片设置切换动画和对象动画

【例 6-8】设置 4 张幻灯片的切换动画和对象动画。

视频+素材 (素材文件\第 06 章\例 6-8)

step 1 打开演示文稿后，在 PowerPoint 工作

界面中默认选中第 1 张幻灯片，选择【切换】选项卡，在【切换到此幻灯片】命令组中选中【随机】选项。

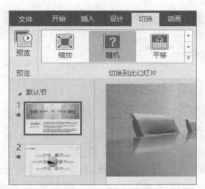

step 2 在【计时】命令组中将【持续时间】设置为 01.50，并选中【单击鼠标时】复选框。

step 3 单击【计时】命令组中的【声音】按钮，在弹出的列表中选择【其他声音】选项。

step 4 在打开的【添加音频】对话框中选中一个音频文件，然后单击【确定】按钮。

step 5 在【计时】命令组中单击【全部应用】按钮，将设置的幻灯片切换动画应用到所有幻灯片中。

step 6 选择【动画】选项卡，在【高级动画】命令组中单击【动画窗格】按钮，打开【动画窗格】窗格。

step 7 选中幻灯片中的图片，在【动画】命

令组中选中【浮入】选项，为图片对象设置一个"浮入"效果的进入动画。

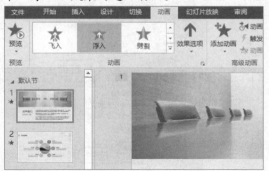

step 8 在【动画】命令组中单击【效果选项】下拉按钮，在弹出的下拉列表中选择【下浮】选项。

step 9 选中幻灯片中左下方的【关于我们】文本框，在【动画】选项卡的【高级动画】命令组中单击【添加动画】选项，在弹出的列表中选择【更多进入效果】选项。

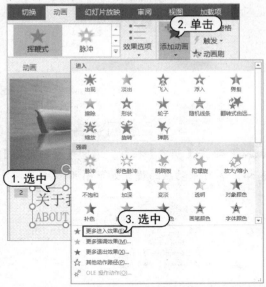

step 10 打开【添加进入效果】对话框，选中【挥鞭式】选项后，单击【确定】按钮。

step 11 选中幻灯片右下角包含大段文本的文本框，在【动画】选项卡的【动画】命令组中选中【浮入】选项，并单击【效果选项】下拉按钮，在弹出的下拉列表中选择【上浮】选项。

step 12 在【动画窗格】窗格中选中编号为 3

的动画，右击鼠标，在弹出的快捷菜单中选择【计时】选项。

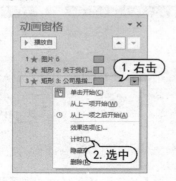

step ⑬ 在打开的对话框中选择【计时】选项卡，单击【开始】下拉按钮，在弹出的下拉列表中选择【与上一动画同时】选项，在【延迟】文本框中输入 0.5。

step ⑭ 单击【确定】按钮，返回【动画窗格】窗格，各对象动画的设置如下图所示。

step ⑮ 选择【视图】选项卡，在【母版视图】命令组中单击【幻灯片母版】按钮，切换到幻灯片母版视图，然后在窗口左侧的版式列表中选中【标题和内容】版式，并选中版式中的三角形图形。

step ⑯ 选择【动画】选项卡，在【动画】命令组中选中【飞入】选项，然后单击【效果选项】下拉按钮，在弹出的下拉列表中选择【自左侧】选项。

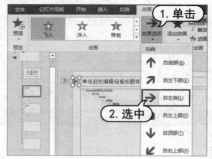

step ⑰ 选中母版中的标题占位符，然后重复步骤9、10的操作，打开【添加进入效果】对话框，选中【挥鞭式】选项后，单击【确定】按钮，为占位符设置"挥鞭式"动画效果。

step ⑱ 在【计时】命令组中单击【开始】下拉按钮，在弹出的下拉列表中选择【与上一动画同时】选项，然后在【幻灯片母版】选项卡中单击【关闭母版视图】按钮，关闭幻灯片母版视图。

step ⑲ 选中幻灯片中下图所示的椭圆图形，在【动画】选项卡的【高级动画】命令组中单击【添加动画】下拉按钮，重复步骤9、10的操作，为图形设置【升起】进入动画。

step⑳ 按住 Ctrl 键选中幻灯片中的 6 个图标，在【动画】选项卡中单击【添加动画】下拉按钮为其设置【回旋】进入动画。

step㉑ 按住 Ctrl 键选中幻灯片中的 6 个文本框，在【动画】选项卡的【动画】命令组中为其设置【飞入】动画效果。

step㉒ 按住 Ctrl 键选中幻灯片左侧的 3 个文本框，在【动画】选项卡的【动画】命令组中单击【效果选项】下拉按钮，在弹出的下拉列表中选择【自左侧】选项。

step㉓ 按住 Ctrl 键选中幻灯片右侧的 3 个文本框，在【动画】选项卡的【动画】命令组中单击【效果选项】下拉按钮，在弹出的下拉列表中选择【自右侧】选项。

step㉔ 在窗口右侧选中第 3 张幻灯片，然后选中幻灯片中的圆形图形，在【动画】选项卡的【动画】命令组中选中【缩放】选项。

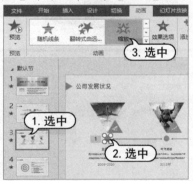

step㉕ 按住 Ctrl 键选中幻灯片中的图片和文本框，在【动画】命令组中选中【浮入】选项。

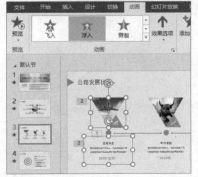

step㉖ 选中幻灯片中的图标，在【高级动画】

命令组中单击【添加动画】按钮，为图标设置【切入】动画。

step㉗ 选中幻灯片中的直线图形，单击【添加动画】下拉按钮，为图形添加【擦除】动画。

step㉘ 重复步骤 23~25 的操作，为幻灯片中的其他对象设置动画效果。

step㉙ 在窗口左侧的列表中选中第 4 张幻灯片，选中幻灯片中的圆形图形，在【动画】选项卡中单击【添加动画】下拉按钮，为图形设置【升起】动画。

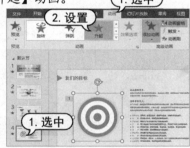

step㉚ 选中幻灯片左上角的飞镖图形，单击【添加动画】下拉按钮，在弹出的下拉列表中选择【直线】选项。

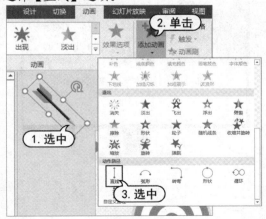

step 31 按住鼠标左键拖动路径动画的目标，使其位于圆形图形的正中。

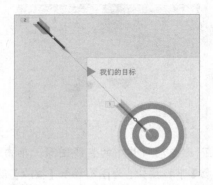

step 32 按住 Ctrl 键分别选中幻灯片右侧的几个文本框，为其设置"飞入"和"浮入"动画，并设置"浮入"动画在"飞入"动画之后运行。

step 33 完成以上设置后，按下 F5 键放映 PPT，即可观看动画的设置效果。

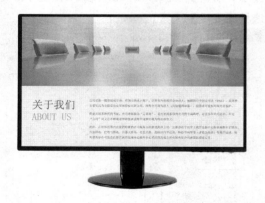

第7章

PPT 数据呈现

在 PPT 中，表格和图表是常见的元素。当我们使用 PPT 向客户或上司做汇报时，最有说服力的手段就是用数据说话，而数据常常需要用表格与图表来呈现。

 **本章对应视频**

7.1 创建表格

在制作 PPT 时，经常需要向观众传递一些直接的数据信息。此时，使用表格可以帮助我们更加有条理地展示信息，让 PPT 可以更加直观、快速地呈现内容的重点。

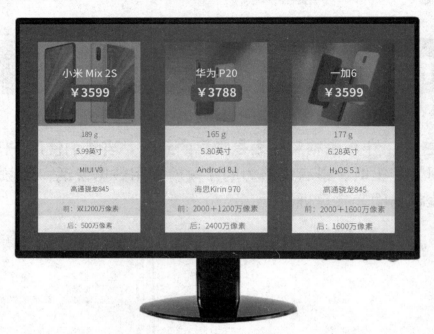

在 PPT 中使用表格呈现数据

创建表格即是在 PPT 幻灯片中插入与绘制表格。具体方法有以下两种。

7.1.1 插入表格

使用 PowerPoint，不仅可以在 PPT 中插入内置表格，还可以插入 Excel 表格。

1. 插入内置表格

在 PowerPoint 中执行【插入表格】命令的方法有以下几种。

➤ 选择幻灯片后，在【插入】选项卡的【表格】命令组中单击【表格】下拉按钮，从弹出的下拉菜单中选择【插入表格】命令，打开【插入表格】对话框，在其中设置表格的行数与列数，然后单击【确定】按钮。

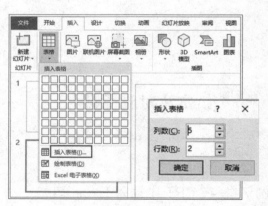

➤ 单击内容占位符中的【插入表格】按钮，打开【插入表格】对话框，设置表格的行数与列数，并单击【确定】按钮。

➤ 单击【插入】选项卡中的【表格】下拉按钮，在弹出的下拉列表中移动鼠标指针，让列表中的表格处于选中状态，单击即可在幻灯片中插入相对应的表格。

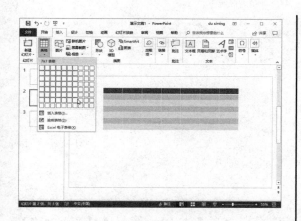

2. 插入 Excel 表格

在 PowerPoint 中，用户也可将 Excel 表格置于幻灯片中，并利用 Excel 功能对表格数据进行计算、排序或筛选(PowerPoint 内置的表格不具备这样的功能)。

【例 7-1】使用 PowerPoint 在 PPT 中插入 Excel 表格。🔘视频

step ❶　选中幻灯片后，单击【插入】选项卡中的【表格】下拉按钮，从弹出的下拉菜单中选择【Excel 电子表格】命令。

step ❷　此时，将在幻灯片中插入如下图所示的 Excel 表格。

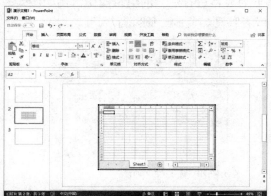

step ❸　在表格中输入数据与计算公式，然后单击幻灯片的空白位置即可将表格应用于幻灯片中。

此外，如果用户需要将制作好的 Excel 文件直接插入 PPT 中，可以执行以下操作。

step ❶　选择【插入】选项卡，在【文本】命令组中单击【对象】按钮。

step ❷　打开【插入对象】对话框，选中【由文件创建】单选按钮，单击【浏览】按钮。

step ❸　打开【浏览】对话框，选中 Excel 文件后单击【确定】按钮。

step ❹　返回【插入对象】对话框，单击【确定】按钮，即可将 Excel 文件插入 PPT 中。

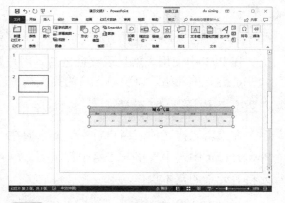

step ❺　拖动表格四周的控制点，可以缩小或放大表格区域。

7.1.2　绘制表格

PowerPoint 中允许用户根据数据呈现的具体要求，手动绘制表格。

【例 7-2】在 PowerPoint 中绘制表格。🔘视频

step ❶　选择【插入】选项卡，在【表格】命

令组中单击【表格】下拉按钮，从弹出的下拉菜单中选择【绘制表格】命令。

step 2 在幻灯片编辑区域中按住鼠标左键拖动，绘制表格外边框。

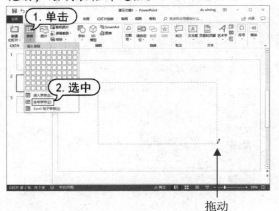

拖动

step 3 释放鼠标左键后，即可在 PPT 中自动生成一个表格，并显示【设计】与【布局】选项卡。

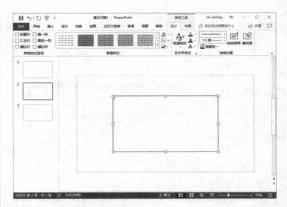

step 4 选择【设计】选项，在【绘制边框】命令组中可以设置绘制表格的笔样式、笔颜色和笔画粗细。

step 5 单击【绘制边框】命令组中的【绘制表格】按钮，则可以使用设置的笔样式绘制表格。

7.2 编辑表格

在 PPT 中使用表格呈现数据之前，用户还需要对表格进行适当的编辑操作，例如插入、合并、拆分单元格，调整单元格的高度与宽度，或者移动、复制、删除行/列等。

7.2.1 选择表格元素

在编辑表格之前，用户首先需要掌握在 PowerPoint 中选中表格与表格中行、列、单元格等元素的基本操作。

1. 选择整个表格

选中 PPT 中表格的方法有以下两种。

▷ 将鼠标指针放置在表格的边框线上单击。

▷ 将鼠标指针置于表格中的任意单元格内，选择【布局】选项卡，单击【表】命令组中的【选择】下拉按钮，在弹出的下拉菜单中选择【选择表格】命令。

2. 选择单个单元格

将鼠标指针置于单元格左侧边界处，当光标变为 ♣ 时，单击鼠标。

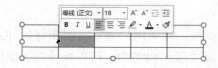

3. 选择单元格区域

将鼠标指针置于需要选取的单元格区域左上角的单元格中，然后按住鼠标左键拖动至单元格区域右下角的单元格，即可选中框定的单元格区域。

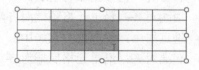

4. 选择整列

将鼠标指针移动至表格列的顶端，待光标变为向下的箭头时 ↓，单击鼠标即可选中表格中的一整列。

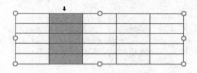

5. 选择整行

将鼠标指针移动至表格行的左侧，待光标变为向右的箭头时 →，单击鼠标即可选中表格中的一整行。

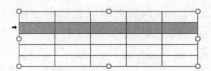

7.2.2　移动行/列

在 PowerPoint 中移动表格行、列的方法有以下几种。

▶ 选中表格中需要移动的行或列，按住鼠标左键拖动其至合适的位置，然后释放鼠标即可。

▶ 选中需要移动的行或列，单击【开始】选项卡中的【剪切】按钮剪切整行、列，然后将光标移动至幻灯片中合适的位置，按下 Ctrl+V 组合键即可。

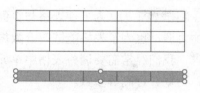

7.2.3　插入行/列

在编辑表格时，有时需要根据数据的具体类别插入行或列。此时，通过【布局】选项卡的【行和列】命令组，可以为表格插入行或列。

▶ 插入行：将鼠标光标置于表格中合适的单元格中，单击【布局】选项卡【行和列】命令组中的【在上方插入】按钮，即可在单元格上方插入一个空行；单击【在下方插入】按钮，即可在单元格下方插入一个空行。

▶ 插入列：将鼠标光标置于表格中合适的单元格中，单击【布局】选项卡【行和列】命令组中的【在左侧插入】按钮，即可在单元格左侧插入一个空列；单击【在右侧插入】按钮，即可在单元格右侧插入一个空列。

7.2.4　删除行/列

如果用户需要删除表格中的行或列，在选中行、列后，单击【布局】选项卡【行和列】命令组中的【删除】下拉按钮，在弹出的下拉列表中选择【删除列】或【删除行】命令即可。

7.2.5 调整单元格

在制作 PPT 时，为了使表格与页面的效果更加协调，也为了表格能够符合数据呈现的需求，我们经常需要调整表格中单元格的大小、列宽、行高等参数。

1. 调整单元格大小

选中表格后，在【布局】选项卡的【单元格大小】命令组中设置【宽度】和【高度】文本框中的数值，可以调整表格中所有单元格的大小。

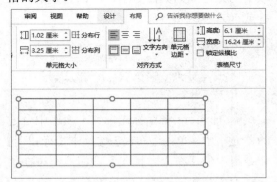

同样，将鼠标指针置入表格中的单元格内，在【单元格大小】命令组中设置【宽度】和【高度】文本框中的数值，可以调整单元格所在行的高度和所在列的宽度。

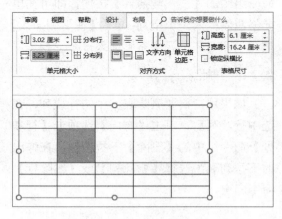

2. 设置单元格对齐方式

当用户在表格中输入数据后，可以使用

【布局】选项卡中【对齐方式】命令组内的各个按钮来设置数据在单元格中的对齐方式，如下所示。

- ▶ 左对齐：将数据靠左对齐。
- ▶ 居中：将数据居中对齐。
- ▶ 右对齐：将数据靠右对齐。
- ▶ 顶端对齐：沿单元格顶端对齐数据。
- ▶ 垂直居中：将数据垂直居中。
- ▶ 底端对齐：沿单元格底端对齐数据。

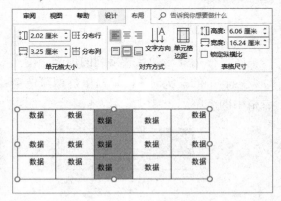

3. 更改文字方向

将鼠标光标置于要更改文字方向的单元格中，选择【布局】选项卡，然后单击【对齐方式】命令组中的【文字方向】下拉按钮，从弹出的下拉列表中即可更改单元格中文字的显示方向。

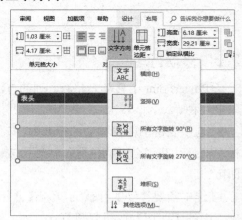

此外,在上图所示的下拉列表中选择【其他选项】命令，在打开的【设置形状格式】

窗格中，也可以设置单元格中文本的显示方向，如下图所示。

4. 设置单元格边距

在 PowerPoint 中，用户可以使用软件预设的单元格边距，也可以自定义单元格边距。具体操作方法是：选择【布局】选项卡，单击【对齐方式】命令组中的【单元格边距】下拉按钮，从弹出的下拉列表中选择一组合适的单元格边距参数，如下图所示。

另外，在上图所示的下拉列表中选择【自定义边距】命令，可以打开【单元格文本布局】对话框，在该对话框中用户可以根据表格制作的需求精确地设置单元格内容与表格边框之间的距离，如下图所示。

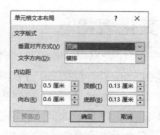

7.2.6　合并与拆分单元格

PowerPoint 中的表格类似于 Excel 中的表格，也具有合并与拆分的功能。通过合并与拆分单元格，用户可以制作出结构特殊的表格，用于展现 PPT 要表达的数据。

1. 合并单元格

合并单元格的方法有以下两种。

▶ 选中表格中两个以上的单元格后，选中【布局】选项卡，单击【合并】命令组中的【合并单元格】按钮。

▶ 选中表格中需要合并的多个单元格后，右击鼠标，在弹出的快捷菜单中选择【合并单元格】命令。

2. 拆分单元格

拆分单元格的操作步骤与合并单元格的操作步骤类似，具体有以下两种。

▶ 将鼠标置于需要拆分的单元格中，单击【布局】选项卡中的【拆分单元格】按钮，打开【拆分单元格】对话框，设置需要拆分的行数与列数，然后单击【确定】按钮。

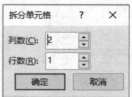

▶ 在要拆分的单元格上右击鼠标，在弹出的快捷菜单中选择【拆分单元格】命令，打开【拆分单元格】对话框，设置需要拆分的行数与列数，然后单击【确定】按钮即可。

7.3 美化表格

在 PPT 中，表格是一个可以简化信息排布方式却不破坏信息原意的容器。在许多情况下，制作一些用于展示"数据"的 PPT 时，必须要应用表格。但在 PPT 页面中所插入的表格默认采用的是 PowerPoint 预定义的样式(即本章前面介绍表格基本操作时显示的样式)，这瞬间降低了 PPT 的设计水平。此时，我们所要做的就是对表格进行"美化"处理。

7.3.1 设置表格样式

设置表格样式是指通过 PowerPoint 中内置的表格样式以及各种美化表格命令，来设置表格的整体样式、边框样式、底纹颜色以及特殊效果等表格外观格式，在适应 PPT 内容数据与主题的同时，增加表格的美观性。

1. 套用表格样式

PowerPoint 为用户提供了数十种内置的表格样式，选中表格后在【设计】选项卡中选择【表格样式】命令组中的样式选项，即可将样式应用于表格。

【例 7-3】应用 PowerPoint 内置样式突出显示表格中需要观众重点关注的数据。
视频+素材 (素材文件\第 07 章\例 7-3)

step 1 打开 PPT 后，选择【设计】选项卡，单击【表格样式】命令组右下角的【其他】按钮，在弹出的列表中为表格设置下图所示的样式。

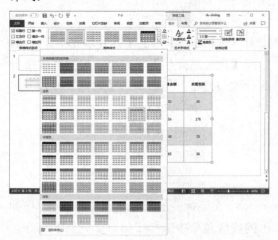

step 2 选中表格中重要的一行，按下 Ctrl+C 组合键，再按下 Ctrl+V 组合键将其从表格中单独复制出来，如下图所示。

step 3 选中复制的行，再次单击【表格样式】命令组右下角的【其他】按钮，从弹出的列表中选择一种样式应用于其上。

step 4 将鼠标指针放置在表格外边框上，按住鼠标左键拖动调整其位置，使其覆盖原表格中的数据，如下图所示。

step 5 拖动表格四周的控制点，使其大于原先的表格，完成后的效果如下图所示。

2. 设置表格样式选项

为表格应用样式后，用户可以通过启用【设计】选项卡【表格样式选项】命令组中的相应复选框，来突出显示表格标题、数据或效果，例如，上例中表格突出显示的是"镶边行"和"标题行"效果。

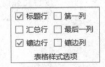

PowerPoint 定义了表格的 6 种样式选项，根据这 6 种样式，可以为表格划分内容的显示方式。

▶ 标题行：通常为表格的第一行，用于显示表格的标题。

▶ 汇总行：通常为表格的最后一行，用于显示表格的数据汇总部分。

▶ 镶边行：用于实现表格各行数据的区分，帮助用户辨识表格数据，通常隔行显示。

▶ 第一列：用于显示表格的副标题。

▶ 最后一列：用于对表格横列数据进行汇总。

▶ 镶边列：用于实现表格列数据的区分，帮助用户辨识表格数据，通常隔列显示。

7.3.2　设置表格填充

在 PowerPoint 中默认的表格颜色为白色，为了突出表格中的特殊数据，用户可以为单个单元格、单元格区域或整个表格设置颜色填充、纹理填充或图片填充。

1. 颜色填充

颜色填充指的是为表格或表格中的一部分设置一种颜色作为填充色。

【例 7-4】在 PowerPoint 中通过为表格设置颜色填充，突出显示 PPT 中的重要数据。

🎬 视频+素材（素材文件\第 07 章\例 7-4）

step 1　选中表格后选择【设计】选项卡，在【表格样式】命令组中单击【底纹】按钮，从弹出的列表中选择"灰色"作为表格的填充颜色。

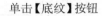
单击【底纹】按钮

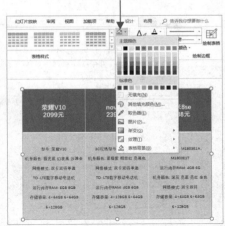

step 2　选中表格的标题行，选择【开始】选项卡，单击【字体】命令组中的【字体颜色】下拉按钮，在弹出的下拉列表中将标题行文本颜色设置为"黑色"。

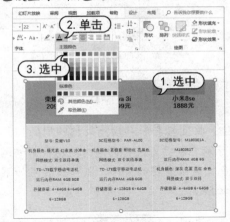

step 3　选中表格中需要突出显示的第 2 列，按下 Ctrl+C 和 Ctrl+V 组合键，将其单独复制。

step 4　选中复制的列，单击【设计】选项卡中的【底纹】下拉按钮，将表格的背景色设置为"橙色",如下图所示。

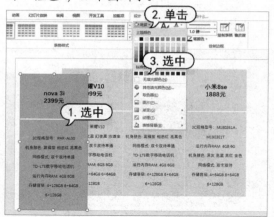

step 5 将鼠标指针放置在表格外边框上,按住鼠标左键拖动调整其位置,使其覆盖原表格中的数据。

step 6 将鼠标指针移动至表格四周的控制柄上,然后在按住 Ctrl 键的同时拖动控制柄调整"橙色"底纹表格的大小,制作出效果如下图所示的表格。

2. 纹理填充

纹理填充是利用 PowerPoint 内置的纹理效果来设置表格底纹样式。在默认情况下,PowerPoint 为用户提供了 24 种纹理图案。用户在选中表格后,选择【设计】选项卡,在【表格样式】命令组中单击【底纹】下拉按钮,从弹出的下拉列表中选择【纹理】命令中的选项,即可为表格选择纹理填充图案。

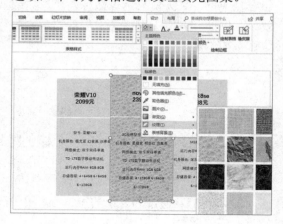

3. 图片填充

图片填充指的是使用本地电脑中的图片为表格设置底纹效果。

【例 7-5】继续例 7-4 的操作,为 PPT 中需要突出显示数据的表格设置图片填充。

视频+素材 (素材文件\第 07 章\例 7-5)

step 1 选中 PPT 中需要突出显示的列,右击鼠标,在弹出的快捷菜单中选择【合并单元格】命令,将表格中的单元格合并。

step 2 调整合并后单元格中的文本间距,选择【设计】选项卡,单击【底纹】下拉按钮,在弹出的下拉列表中选择【图片】命令。

step 3 打开【插入图片】对话框,选择一个图片文件后,单击【插入】按钮。

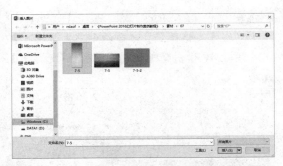

step 4　此时，将为选中的表格设置效果如下图所示的图片填充。

4. 渐变填充

渐变填充是以两种以上的颜色来设置底纹效果的一种表格填充方法，其中"渐变"效果指由两种颜色之中的一种颜色逐渐过渡到另外一种颜色。在 PowerPoint 中选中表格后，单击【设计】选项卡中的【底纹】下拉按钮，从弹出的下拉列表中选择【渐变】子列表中的选项，即可将选项所代表的渐变填充效果应用在表格上。

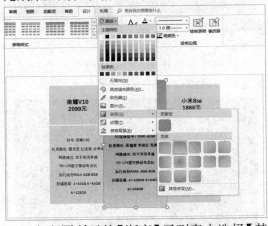

在上图所示的【渐变】子列表中选择【其

他渐变】命令，将显示【设置形状格式】窗格，在该窗格中用户可以自定义渐变填充的详细参数，包括预设渐变样式、位置、透明度、亮度等。

7.3.3　设置表格边框

在 PowerPoint 中除了套用表格样式，设置表格的整体格式外，用户还可以使用"边框"命令，为表格设置边框效果。

1. 使用内置样式

选中表格后，选择【设计】选项卡，单击【表格样式】命令组中的【边框】按钮右侧的倒三角按钮，在弹出的列表中显示了 PowerPoint 内置的 12 种边框样式。

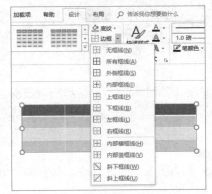

其中每种样式的功能说明如下。

▶ 无框线：清除单元格中的边框样式。

季度	销售数量	销售金额	实现利润
一季度	21	50	40
二季度	19	54	176
三季度	18	48	25
四季度	22	65	36

▶ 所有框线：为所有单元格添加框线。

季度	销售数量	销售金额	实现利润
一季度	21	50	40
二季度	19	54	176
三季度	18	48	25
四季度	22	65	36

▶ 外侧框线：为表格或单元格添加外部框线。

季度	销售数量	销售金额	实现利润
一季度	21	50	40
二季度	19	54	176
三季度	18	48	25
四季度	22	65	36

▶ 内部框线：为表格添加内部框线。

季度	销售数量	销售金额	实现利润
一季度	21	50	40
二季度	19	54	176
三季度	18	48	25
四季度	22	65	36

▶ 上框线：为表格或单元格添加上框线。

季度	销售数量	销售金额	实现利润
一季度	21	50	40
二季度	19	54	176
三季度	18	48	25
四季度	22	65	36

▶ 下框线：为表格或单元格添加下框线。

季度	销售数量	销售金额	实现利润
一季度	21	50	40
二季度	19	54	176
三季度	18	48	25
四季度	22	65	36

▶ 左框线：为表格或单元格添加左框线。

季度	销售数量	销售金额	实现利润
一季度	21	50	40
二季度	19	54	176
三季度	18	48	25
四季度	22	65	36

▶ 右框线：为表格或单元格添加右框线。

季度	销售数量	销售金额	实现利润
一季度	21	50	40
二季度	19	54	176
三季度	18	48	25
四季度	22	65	36

▶ 内部横框线：为表格添加内部横框线。

季度	销售数量	销售金额	实现利润
一季度	21	50	40
二季度	19	54	176
三季度	18	48	25
四季度	22	65	36

▶ 内部竖框线：为表格添加内部竖框线。

季度	销售数量	销售金额	实现利润
一季度	21	50	40
二季度	19	54	176
三季度	18	48	25
四季度	22	65	36

▶ 斜下框线：为表格或单元格添加左上右下斜框线。

	销售数量	销售金额	实现利润
一季度	21	50	40
二季度	19	54	176
三季度	18	48	25
四季度	22	65	36

▶ 斜上框线：为表格或单元格添加右上左下斜框线。

	销售数量	销售金额	实现利润
一季度	21	50	40
二季度	19	54	176
三季度	18	48	25
四季度	22	65	36

【例7-6】通过为表格设置边框颜色美化表格。

视频+素材 (素材文件\第07章\例7-6)

step 1 选中 PPT 中的表格，选择【设计】选项卡，在【表格样式】命令组中单击【底纹】下拉按钮，从弹出的下拉列表中选择【无填充】选项。

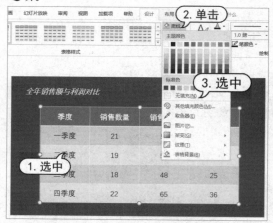

step 2 选中表格中的所有单元格，在【开始】选项卡中设置单元格中文本的颜色为"白色"。

step 3 选中表格，选择【设计】选项卡，单击【表格样式】命令组中的【边框】下拉按钮，从弹出的下拉列表中选择【无边框】选项，设置表格不显示边框。

step 4 选中表格的第 1 行，再次单击【表格样式】命令组中的【边框】下拉按钮，从弹出的下拉列表中选择【下边框】选项，为行设置下图所示的边框效果。

全年销售额与利润对比			
季度	销售数量	销售金额	实现利润
一季度	21	50	40
二季度	19	54	176
三季度	18	48	25
四季度	22	65	36

step 5 分别设置表格中各单元格内文本的字体格式，并为表格中重要的数据单独设置颜色和字体。

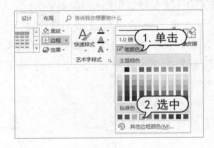

2. 设置边框颜色

选中表格、单元格或单元格区域后，选择【设计】选项卡，在【绘制边框】命令组中单击【笔颜色】下拉按钮，即可更改表格边框设定的颜色，具体操作如下。

step 1 选中表格，选择【设计】选项卡，在【绘制边框】命令组中单击【笔颜色】下拉按钮，从弹出的下拉列表中选择一种颜色。

step 2 选中表格或表格中设置了边框的单元格区域，单击【设计】选项卡【表格样式】命令组中的【边框】按钮，即可应用设置的边框颜色。

3. 设置边框线型

选中表格、单元格或单元格区域后，选择【设计】选项卡，单击【绘制边框】命令组中的【笔样式】下拉按钮，在弹出的下拉列表中可以为表格边框设置线型。

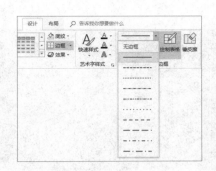

4. 设置边框线条粗细

设置表格边框线条粗细的方法与设置线型的方法类似。选中表格、单元格或单元格区域后，选择【设计】选项卡，单击【绘制边框】命令组中的【笔粗细】下拉按钮，从弹出的下拉列表中可以设置表格边框的线条粗细。

【例 7-7】调整例 7-6 设置的表格边框，设置其线型为"虚线"，线条粗细为【3.0 磅】。

视频+素材 (素材文件\第 07 章\例 7-7)

step 1 选中表格中包含边框的第 1 行，选择【设计】选项卡，单击【绘制边框】命令组中的【笔样式】下拉按钮，从弹出的下拉列表中选择【虚线】样式，设置边框线型。

step 2 单击【绘制边框】命令组中的【笔粗细】下拉按钮，从弹出的下拉列表中选择【3.0磅】选项，设置边框线条的粗细。

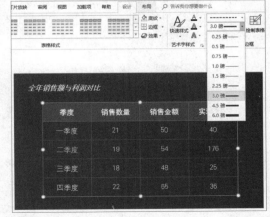

step 3 单击【表格样式】命令组中的【边框】按钮(不要单击其左侧的倒三角按钮)，即可将设置的边框线型和线条粗细应用于表格，效果如下图所示。

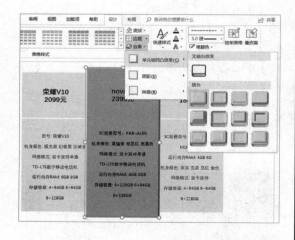

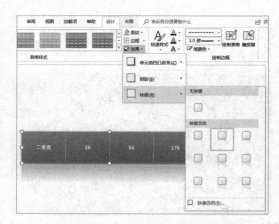

7.3.4 设置表格效果

PowerPoint 为表格提供了凹凸、映像、阴影等特殊效果。

1. 使用凹凸效果

选中表格后选择【设计】选项卡，单击【表格样式】命令组中的【效果】下拉按钮，从弹出的下拉列表中选择【单元格凹凸效果】命令，即可在显示的子列表中为表格设置凹凸效果。

在【映像】子列表中选择【映像选项】命令，可以打开【设置形状格式】窗格，设置映像效果的透明度、大小、模糊和距离等参数。

3. 使用阴影效果

在 PowerPoint 中为表格设置阴影效果的方法与设置凹凸和映像效果的方法类似，不同的是，阴影效果拥有更多的设置选项。

【例 7-8】为例 7-3 创建的表格设置阴影效果。

视频+素材 (素材文件\第 07 章\例 7-8)

step 1 选中表格后选择【设计】选项卡，单击【效果】下拉按钮，从弹出的下拉列表中选择【阴影】选项，从弹出的子列表中为表格选择一种阴影效果。

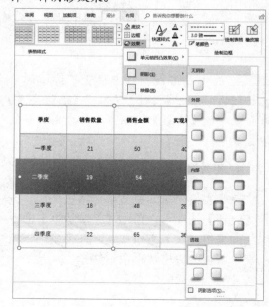

2. 使用映像效果

选中表格后选择【设计】选项卡，单击【表格样式】命令组中的【效果】下拉按钮，从弹出的下拉菜单中选择【映像】命令，即可在显示的子列表中为表格设置映像效果。

step 2 再次打开【效果】下拉列表，选择【阴影】选项，从弹出的子列表中选择【阴影选项】命令，打开【设置形状格式】窗格，设置阴影的透明度、颜色、模糊等参数。

step 3 此时，将在 PPT 中为表格设置如下图所示的阴影效果。

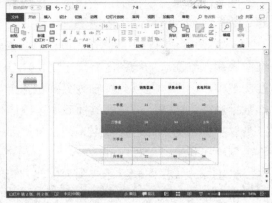

7.4　使用图表

图表可以将表格中的数据转换为各种图形信息，从而生动地描述数据。在页面中使用图表不仅可以提升整个 PPT 的质量，也能让 PPT 所要表达的观点更加具有说服力。因为好的图表可以让观众清晰、直观地看到数据。

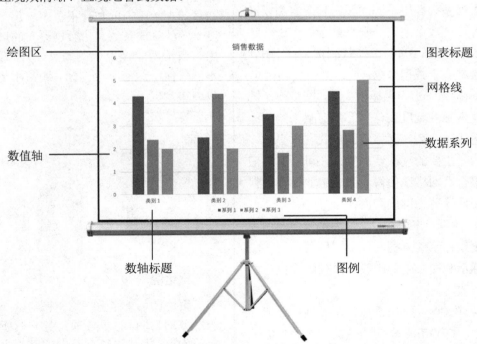

在 PPT 中使用图表呈现数据

7.4.1　图表简介

在 PowerPoint 2016 中，用户可以使用幻灯片中自动生成的 Excel 工作表数据创建 PPT 所需的图表。Excel 工作表中的每一个单元格数据，在图表中都有与其对应的数据点。

1. 图表的组成

图表的基本结构包括：绘图区、图表标题、数据系列、网格线、图例等。

▶ 绘图区：图表中的整个绘制区域。二维图表和三维图表的绘图区有所区别。在二维图表中，绘图区是以坐标轴为界并包括全部数据系列的区域；而在三维图表中，绘图区是以坐标轴为界并包含数据系列、分类名称、刻度线和坐标轴标题的区域。

▶ 图表标题：图表标题在图表中起到说明的作用，是图表性质的大致概括和内容总结，它相当于一篇文章的标题并可用来定义图表的名称。它可以自动地与坐标轴对齐或居中排列于图表坐标轴的外侧。

▶ 数据系列：数据系列又称为分类，它指的是图表上的一组相关数据点。在图表中，每个数据系列都用不同的颜色和图案加以区别。每一个数据系列分别来自于工作表的某一行或某一列。在同一张图表中(除了饼图外)可以绘制多个数据系列。

▶ 网格线：和坐标轴类似，网格线是图表中从坐标轴刻度线延伸并贯穿整个绘图区的可选线条系列。网格线的形式有水平的、垂直的、主要的、次要的等，还可以对它们进行组合。网格线使得对图表中的数据进行观察和估计更为准确和方便。

▶ 图例：在图表中，图例是包围图例项和图例项标示的方框，每个图例项左边的图例项标示和图表中相应数据系列的颜色与图案相一致。

▶ 数轴标题：用于标记分类轴和数值轴的名称，在 Office 软件的默认设置下其位于图表的下面和左面。

▶ 图表标签：用于在工作簿中切换图表工作表与其他工作表，可以根据需要修改图表标签的名称。

2. 图表在 PPT 中的应用

PowerPoint 与 Excel 一样，提供了多种类型的图表，如柱形图、折线图、饼图、条形图、面积图和散点图等，各种图表各有优点，适用于不同的场合，如下所示。

柱形图

关于不同类别的数据比较，可以使用横向或竖向柱形图。

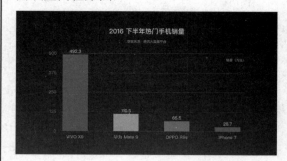

柱形图是一种以长方形的长度/高度为变量的表达图形的统计报告图。由一系列高度不等的纵向条纹表示数据分布的情况，常用来表达两个或以上的数据(不同时间或者不同条件)，只有一个变量，通常用于较小的数据集分析。

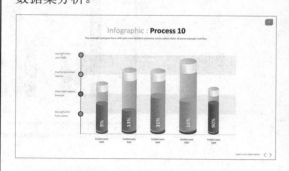

雷达图

雷达图，又称为蜘蛛网图。以一个公司的财务部为例，对于各项财务分析所得的数字或比率，将其比较重要的项目集中放在一个圆形的图表上，来表现一个公司各项财务比率的情况，这样观众能迅速了解公司各项财务指标的变动情形及其好坏趋向。

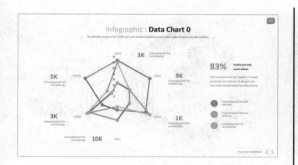

饼图

若要体现不同类别间的数据比例关系可以使用饼图。例如，项目完成率类的报告、公司内部股东结构比例。

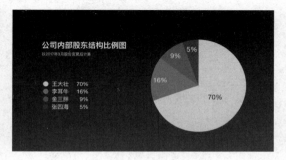

漏斗图

漏斗图适用于业务流程比较规范、周期长、环节多的流程分析。通过分析各环节业务数据的比较，能够直观地发现和说明数据的变化趋势。

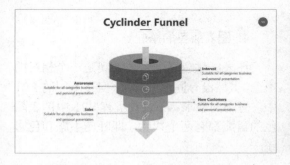

面积图

在 PPT 中若要强调数量随着时间变化的程度可以使用面积图。

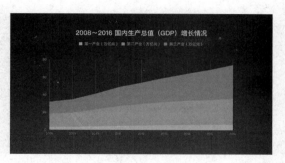

拟物化图

所谓拟物化图，就是将产品的形象展示在图表中，使观众更能明白 PPT 图表所要表达的意图。

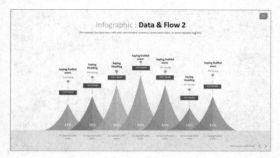

折线图

折线图可以显示随时间而变化的连续数据，因此非常适用于显示在相等时间间隔下数据的趋势。例如，用折线图表示下图所示的 iPhone 手机充电发热数据。

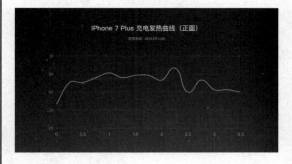

双向条形图

如果要在一张图表上对比类似可口可乐公司和百事可乐公司的经营状况之类的数据，就可以使用双向条形图。

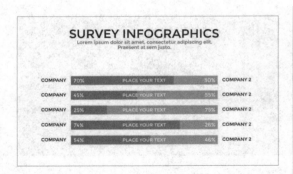

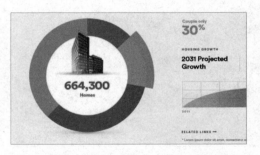

▶ 通过在数据上添加修饰符号，突出需要重点说明的数据。

复合图

数据过于复杂的时候，可以在 PPT 中使用 1+1 的复合图表进行表示。

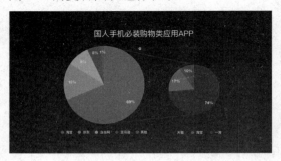

▶ 通过改变图例的大小，强化观众对数据的感知。

3. 图表的内容对比

在 PPT 中使用图表时，有对比才能体现数据的价值。一般情况下，可以采用以下几种方式为图表设置内容对比。

▶ 通过改变视图区域的色彩，强化用户感知，如下图所示。

4. 图表颜色的搭配

图表的颜色搭配是否美观是一个相对的概念，虽然没有固定的标准，但在不同的 PPT 中，有不同要求。不过，所有 PPT 中图表颜色的搭配都有两个共性，即呼应主题和色彩统一。

呼应主题

▶ 通过改变画面视域中核心数据的大小对比来突出重点内容，如下图所示。

所谓"呼应主题"就是指当我们为 PPT 中的图表选择色彩时，要首先考虑 PPT 的整体配色。如下图所示的图表，其配色方案就是与优酷的 Logo 色彩主题相呼应，所以，观众一眼就能够看明白，这是介绍"优酷"网站数据的图表。

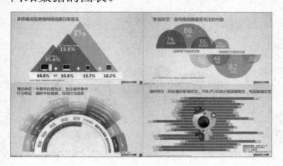

配色统一

所谓"配色统一"就是指在制作 PPT 时如果选择了某个色彩方案，那么也要把这个色彩方案应用到 PPT 内的图表中。例如，下图所示的蓝、绿、灰色彩方案。

色彩统一的优点有以下两个。

▶ 可以使 PPT 效果显得整体统一，有设计感。

▶ 可以减少观众看图表时理解的时间。

5. 图表制作的注意事项

虽然 PPT 中的图表没有非常明确的制作标准规范，但一张图表是否易于观众理解，是否会让观众阅读产生障碍，取决于图表的创建与设置方法。在制作各种图表时，用户应注意以下几点。

数据从 0 起始

在设置图表时，纵向坐标要坚持从 0 开始，可通过调整使其上下浮动，但不要随意修改为其他数值。

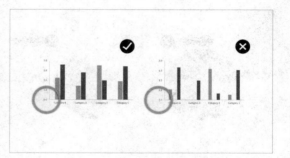

圆形面积应等比例缩放

使用面积对比图时，若需要按 1∶2、1∶3 等比例来说明数据的对比情况，应避免设置过于夸张的对比图。应将面积等比例缩放，保持图表的准确性。

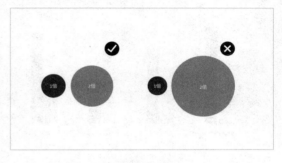

强化图表中的色彩

对于图表内不同图例中单项数据的说明，可以适当地强化色彩对比度，但不要将色彩控制在较小的区间浮动。

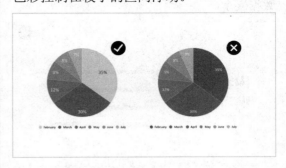

优先使用 2D 图表

虽然在 PowerPoint 中用户可以创建丰富多彩的 3D 图表，但是在对数据有严谨性要求的 PPT 中(例如市场分析报表、金融数据等)，应尽量优先使用 2D 图表来展示数据。

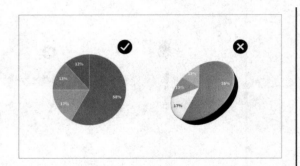

应用数据亲近原则

在图表中设置同一项图例中的不同类别数据对比,相距不可太远,如下所示。

▶ 竖向柱形图多数情况下,要维持 A＞B 的数据展示。

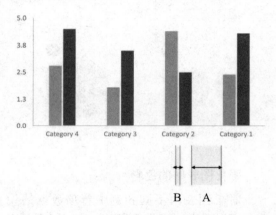

▶ 横向柱形图中,应始终保持图例靠近数据展示。

饼图应符合人们的阅读习惯

在制作饼图时,为了使图表符合人们的阅读习惯,应遵循以下两个原则。

▶ 设置饼图沿 12 点钟位置开始,顺时针方向运动。

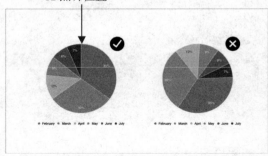

▶ 饼图面积遵循从大到小的排布原则。

曲线图应易于理解

对比类的曲线图应遵循易于理解的原则,包括:

▶ 不要使用虚线作图,虚线中的断线处会严重影响图表的阅读体验。

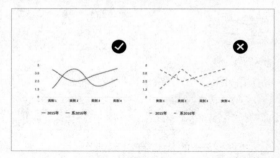

▶ 不含关键数据连接点的曲线图,可使用流畅的曲线。

面积图应注意颜色搭配

在制作面积图时,首先应避免图表中的颜色过于相近,影响阅读体验。

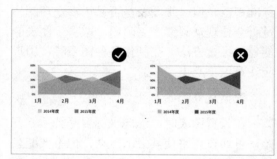

其次还要避免使用 100%填充色，以免影响图表表现数据的后续趋势走向。

7.4.2　在 PPT 中创建图表

一般情况下，在 PowerPoint 中用户可以通过以下两种方法创建图表。

▶　使用内容占位符中的【图表】选项📊快速创建图表。

▶　选择【插入】选项卡，单击【插图】命令组中的【图表】按钮📊。

【例 7-9】在 PPT 中创建一个簇状柱形图。💿视频

step 1　选择【插入】选项卡，单击【插图】命令组中的【图表】按钮📊，打开【插入图表】对话框。

step 2　在对话框左侧的列表中选择【柱形图】选项，在右侧的列表框中选择【簇状柱形图】选项，然后单击【确定】按钮。

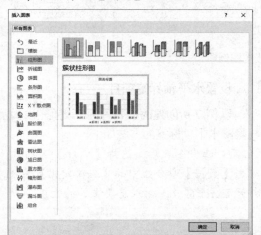

step 3　此时，将在当前幻灯片中插入下图所示的图表，并同时打开一个 Excel 窗口用于输入图表数据。

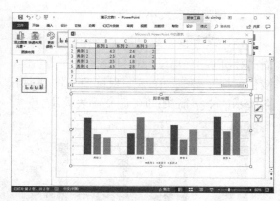

step 4　在 Excel 窗口中输入数据，然后将鼠标指针插入图表的标题栏中并输入图表标题，即可完成图表的创建。

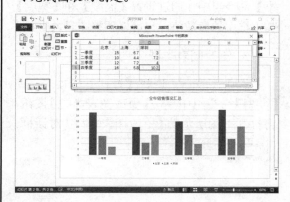

7.4.3　调整图表状态

在 PPT 中创建图表后，为了使图表能够实现数据展现的目的，用户还需要对图表进行一系列的调整，例如，调整图表的位置、大小，更改图表的类型等。

1. 调整图表位置

选中 PPT 中的图表后，将鼠标指针移至图表边框或图表空白处，当鼠标指针变为下图所示的十字箭头时，按住鼠标拖动即可调整图表的位置。

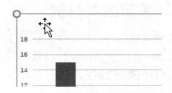

2. 调整图表大小

选中图表后,将鼠标指针移动至图表四周的控制点上,当鼠标指针变为双向箭头时,按住鼠标左键拖动(此时,鼠标箭头将变为下图所示的十字箭头)即可调整图表大小。

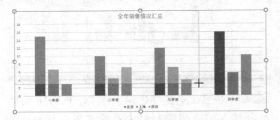

此外,选中图表后在【格式】选项卡的【大小】命令组中,通过设置【高度】和【宽度】文本框中的参数值,也可以调整图表大小。

3. 更改图表类型

选中图表后,选择【设计】选项卡,在【类型】命令组中单击【更改图表类型】按钮,将打开下图所示的【更改图表类型】对话框。

在【更改图表类型】对话框中选择一种图表类型,然后单击【确定】按钮即可更改当前选中图表的类型。

7.4.4 编辑图表数据

在 PowerPoint 中,为了使图表能够详细分析数据,用户经常需要对图表中的数据执行添加与删除等操作。

1. 编辑图表现有数据

选中图表后,选择【设计】选项卡,单击【数据】命令组中的【编辑数据】按钮,可以打开 Excel 窗口。在该窗口中,用户可以对图表现有数据进行编辑。

2. 重新定位数据区域

选择【设计】选项卡,单击【数据】命令组中的【选择数据】按钮,打开【选择数据源】对话框。在该对话框中用户可以根据 PPT 内容的需要重新定位图表显示的数据。

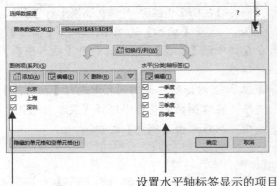

设置图表数据区域

设置水平轴标签显示的项目

设置图例项

设置水平轴标签项目

以例 7-9 创建的图表为例,设置图表显示与隐藏水平轴标签的方法如下。

step 1 选中图表后,选择【设计】选项卡,单击【数据】命令组中的【编辑数据】按钮,打开 Excel 窗口,输入需要添加的数据。

step 2 此时，输入的数据将自动体现在图表中。单击【数据】命令组中的【选择数据】按钮，打开【选择数据源】对话框，在【水平(分类)轴标签】列表框中取消【三季度】和【四季度】复选框的选中状态，单击【确定】按钮。

step 3 完成以上操作后，PPT 中图表的效果将如下图所示。

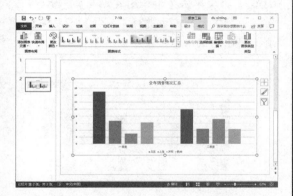

step 4 反之，选中【水平(分类)轴标签】列表框中的标签复选框即可将其显示在图表中。

添加与删除图例项

除了添加与显示数据以外，用户还可以通过【选择数据源】对话框，为图表添加或删除图例项，具体方法如下。

step 1 单击【设计】选项卡【数据】命令组中的【编辑数据】按钮，打开 Excel 窗口，在 Excel 窗口中输入下图所示的数据。

	A	B	C	D	E	F
1		北京	上海	深圳		
2	一季度	15	6.7	3		
3	二季度	10	4.4	7.2		
4	三季度	12	7.2	4		
5	四季度	16	5.8	10.2		
6	费用	5.1	3.1	2.1		
7						

step 2 单击【数据】命令组中的【选择数据】按钮，打开【选择数据源】对话框，单击【图例项】列表中的【添加】按钮，然后在打开的【编辑数据系列】对话框的【系列名称】中输入新的图例名"费用"，之后单击【系列值】文本框右侧的↑按钮。

step 3 选择 Excel 窗口中步骤 1 添加的数据区域，然后按下 Enter 键。

step 4 返回【编辑数据系列】对话框，单击【确定】按钮，即可在图表中添加下图所示的"费用"图例。

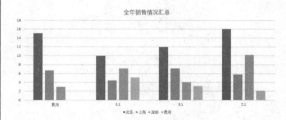

step 5 若要删除图表中的图例，在【选择数据源】对话框的【图例项】列表中选中某个图例，然后单击【删除】按钮即可。

设置数据的显示范围

要设置图表展示数据的范围，在【设计】选项卡的【数据】命令组中单击【选择数据】按钮，打开【选择数据源】对话框，然后单击【图表数据区域】文本框右侧的↑按钮，在 Excel 窗口中选择数据区域即可。

	A	B	C	D	E	F
1		北京	上海	深圳		
2	一季度	15	6.7	3		
3	二季度	10	4.4			
4	三季度	12	7.2	4	3R x 4C	
5	四季度	16	5.8	10.2		
6						

7.4.5　设置图表布局

图表的布局影响图表的整体效果，在PowerPoint 中，用户可以采用以下两种方法来设置图表的布局。

1. 使用预定义图表布局

选中 PPT 中的图表后，在【设计】选项卡的【图表布局】命令组中单击【快速布局】按钮，用户可以将软件预定义的图表布局应用到图表之上，如下图所示。

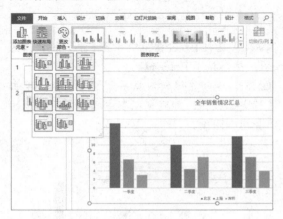

2. 自定义图表布局

自定义图表布局需要用户对图表中的各个元素进行详细的设置。选中图表后，在【设计】选项卡的【图表布局】命令组中单击【添加图表元素】下拉按钮，在弹出的下拉列表中，用户可以自定义图表上各种元素的显示、隐藏和位置。

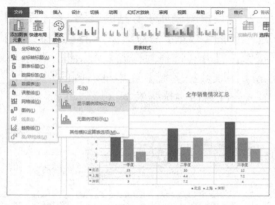

【例 7-10】为例 7-9 创建的图表自定义布局，隐藏标题，调整图例位置，并添加数据表。

🔘 视频+素材 (素材文件\第 07 章\例 7-10)

step 1　选中图表后，选择【设计】选项卡，单击【图表布局】命令组中的【添加图表元素】下拉按钮，在弹出的下拉列表中选择【图表标题】|【无】选项，隐藏图表标题。

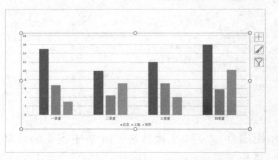

step 2　再次单击【添加图表元素】下拉按钮，在弹出的下拉列表中选择【图例】|【左侧】选项，将图例显示在图表左侧。

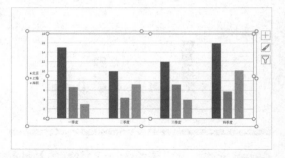

step 3　单击【添加图表元素】下拉按钮，在弹出的下拉列表中选择【数据表】|【无图例项标示】选项，在图表中添加数据表。

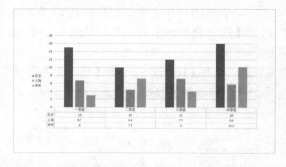

7.4.6　使用图表样式

图表的样式主要指图表中对象区域的颜

色属性。PowerPoint 软件中内置了多种颜色和样式搭配，用户可以根据 PPT 的制作要求为图表应用不同的配色和样式方案。

1. 使用内置图表样式

选中图表后，选择【设计】选项卡，单击【图表样式】命令组中的【更多】按钮 ，即可在展开的列表中为图表指定内置样式。

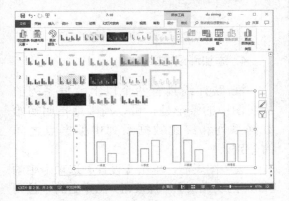

2. 更改图表配色方案

选中图表后，单击【设计】选项卡中的【更改颜色】下拉按钮，在弹出的下拉列表中选择相应选项即可更改图表的配色方案。

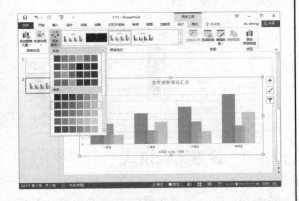

7.4.7　添加图表分析线

分析线是在图表中显示数据趋势的一种辅助工具，它只适用于部分类型的图表，包括误差线、趋势线、线条和涨/跌柱线等。

1. 添加误差线

误差线主要用于显示图表中每个数据点或数据标记的潜在误差值，每个数据点可以显示一个误差线。

在 PowerPoint 中选中图表后，选择【设计】选项卡，单击【图表布局】命令组中的【添加图表元素】下拉按钮，然后在弹出的下拉列表中选择【误差线】选项下的子列表选项，即可为图表添加误差线。

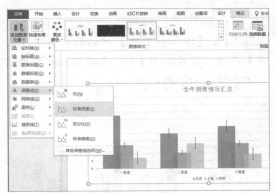

PowerPoint 中各种类型误差线的功能说明如下。

▶ 标准误差：显示使用标准误差的图表系列的误差线。

▶ 百分比：显示包含 5%值的图表系列的误差线。

▶ 标准偏差：显示包含 1 个标准偏差的图表系列的误差线。

2. 添加趋势线

趋势线主要用于显示各系列中数据的变化趋势。

【例 7-11】为例 7-9 创建的图表添加一个"移动平均"趋势线，反映"北京"地区全年销售情况。

🎬 视频+素材 (素材文件\第 07 章\例 7-11)

step 1 选中图表，单击【设计】选项卡中的【添加图表元素】下拉按钮，然后在弹出的下拉列表中选择【趋势线】|【移动平均】选项，打开【添加趋势线】对话框。

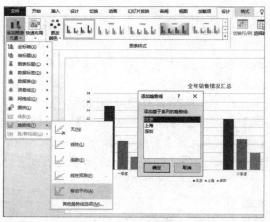

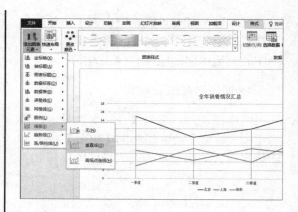

step 2 在【添加趋势线】对话框中选中【北京】选项，然后单击【确定】按钮，即可为图表添加下图所示的趋势线。

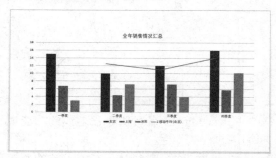

PowerPoint 中各种类型趋势线的功能说明如下。

▶ 线性：为选择的图表数据系列添加线性趋势线。

▶ 指数：为选择的图表数据系列添加指数趋势线。

▶ 线性预测：为选择的图表数据系列添加双周期预测的线性趋势线。

▶ 移动平均：为选择的图表数据系列添加双周期移动平均趋势线。

3. 添加线条

线条主要包括垂直线和高低点连线。选择图表后，单击【设计】选项卡中的【添加图表元素】下拉按钮，在弹出的下拉列表中选择【线条】选项下的子列表选项，即可为图表添加线条，如下图所示。

4. 添加涨/跌柱线

涨/跌柱线具有两个以上数据系列的折线图中的条形柱，可以清晰地指明初始数据系列和终止数据系列中数据点之间的差别。

选中图表后，单击【设计】选项卡中的【添加图表元素】下拉按钮，在弹出的下拉列表中选择【涨/跌柱线】选项下的子列表选项，即可为图表添加涨/跌柱线，如下图所示。

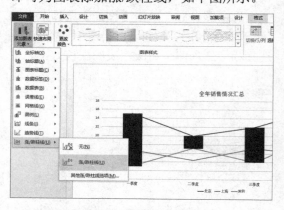

7.4.8 设置图表格式

在 PowerPoint 中，除了可以通过添加分析线和自定义图表布局等方法美化和分析图表数据外，用户还可以通过设置图表的格式(例如，图表边框颜色、填充颜色、三维格式等)来实现美化图表的目的。

1. 设置图表区格式

设置图表区格式指的是通过设置图表区

的边框颜色、边框样式、三维格式与旋转等
操作，来美化图表区的效果。

设置填充效果

选中图表后，选择【格式】选项卡，单
击【当前所选内容】命令组中的【图表元素】
下拉按钮，在弹出的下拉列表中选择【图表
区】选项，可以选中图表的图表区。

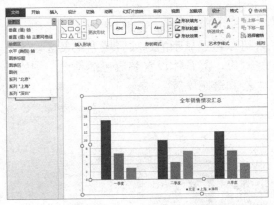

右击图表区，在弹出的快捷菜单中选择
【设置图表区域格式】命令，将打开下图所示
的【设置图表区格式】窗格。

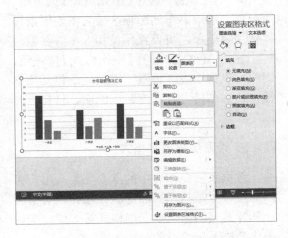

在【设置图表区格式】窗格中展开【填
充】选项组，用户可以为图表区设置填充效
果，主要有以下几种。

▶ 无填充：不设置填充效果。

▶ 纯色填充：为图表区设置一种颜色的
单色填充(可以设置颜色的透明度)。

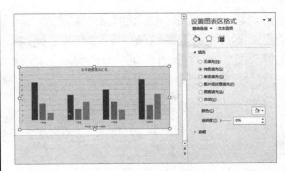

▶ 渐变填充：可以为图表区设置渐变填
充效果，其具体设置参数包括预设渐变(包含
30 种渐变颜色)、类型(包括线性、射线、矩
形与路径等)、方向(包括线性对角、线性向
下等 8 种方向)、角度(表示渐变颜色的角度，
其值介于 1°~360°之间)、渐变光圈(预设渐
变光圈的结束位置、颜色与透明度)等。

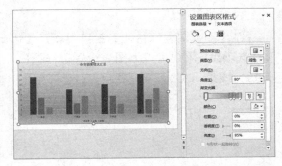

▶ 图片或纹理填充：可以为图表区设置
图片或纹理填充，其具体设置参数包括纹理
(一共包含 25 种纹理样式)、插入图片来自(可
以插入来自文件、剪贴板与剪贴画中的图
片)、将图片平铺为纹理(选中该复选框显示
伸展选项，禁用则显示平铺选项)、伸展选项
(设置纹理的偏移量)、平铺选项(设置纹理的
偏移量、对齐方式与镜像类型)等。

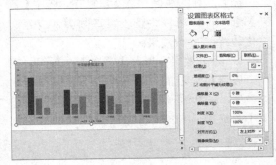

▶ 图案填充：可以为图表区设置图案填充，其具体设置参数包括图案(一共包括 48 种类型)、前景(设置图案填充的前景色)和背景(设置图案填充的背景色)等。

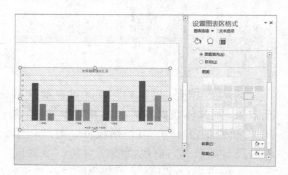

▶ 自动：选择该选项表示图表的图表区填充颜色将随机进行显示(默认显示白色)。

设置边框颜色

在【设置图表区格式】窗格中展开【边框】选项组，用户可以为图表设置边框颜色，包括无线条、实线、渐变线与自动等选项。

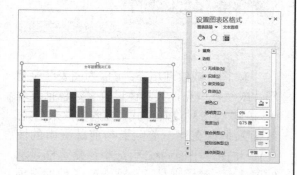

设置特殊效果

在【设置图表区格式】窗格中，选中【效果】选项卡，可以为图表设置阴影、发光、柔化边缘等特殊效果。

▶ 阴影效果：展开【阴影】选项组，用户可以通过显示的选项区域为图表区设置阴影效果，其具体设置参数包括预设、透明度、大小、模糊、角度和距离等。

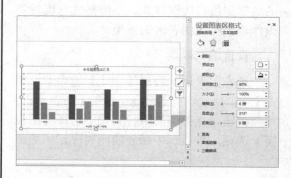

▶ 发光效果：展开【发光】选项组，用户可以通过显示的选项区域为图表区设置发光效果，其具体设置参数包括预设、颜色、大小和透明度等。

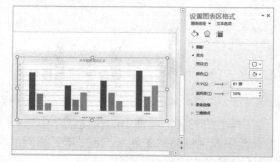

▶ 柔化边缘：展开【柔化边缘】选项组，用户可以通过显示的选项区域为图表区设置柔化边缘效果，可设置预设和大小等参数。

▶ 三维格式：展开【三维格式】选项组，用户可以为图表区设置三维效果，包括顶部棱台、底部棱台、深度、曲面图、材料、光源等参数。

2. 设置数据系列格式

数据系列是图表中的重要元素，用户可以通过设置数据系列的形状、填充、边框颜色和样式、阴影以及三维格式等效果，实现美化数据系列的目的。

设置填充与线条

选中图表中的数据系列后，右击鼠标，在弹出的快捷菜单中选择【设置数据系列格式】命令，将显示【设置数据系列格式】窗格。

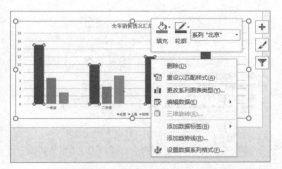

在【设置数据系列格式】窗格中选择【填充与线条】选项卡，用户可以使用【填充】与【边框】选项组设置数据系列的填充与边框效果。

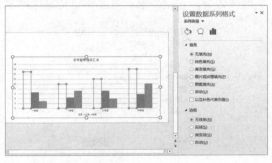

设置系列选项

在【设置数据系列格式】窗格中选择【系列选项】选项卡，用户可以设置图表中数据系列的系列选项。不同图表所提供的系列选项各不相同，以"簇状柱形图"为例，用户可以设置主坐标轴、次坐标轴的系列重叠与分类间距参数。

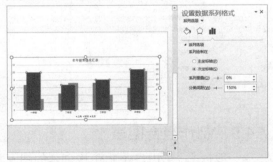

如果将图表的类型更改为"三维簇状柱形图"，用户则可以在【系列选项】选项卡中设置图表数据系列的系列间距、分类间距与柱体形状。

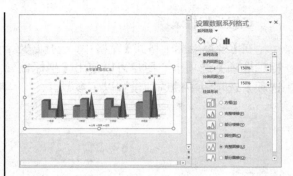

3. 设置坐标轴格式

坐标轴是表示图表数据类别的坐标线，用户可以通过右击图表中的坐标轴，在弹出的快捷菜单中选择【设置坐标轴格式】命令，通过显示的【设置坐标轴格式】窗格来设置坐标轴格式。

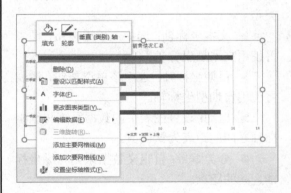

设置对齐方式

在【设置坐标轴格式】窗格中，选择【大小与属性】选项卡，用户可以在显示的【对齐方式】选项组中设置坐标轴的垂直对齐方式、文字方向和自定义角度。

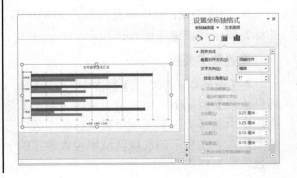

设置坐标轴选项

在【设置坐标轴格式】窗格中，选择【坐标轴选项】选项卡，用户可以使用【坐标轴选项】选项组中的选项设置以下参数。

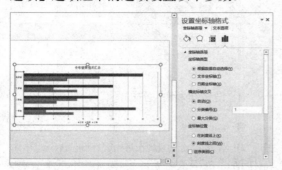

▶ 根据数据自动选择：选中该单选按钮，坐标轴将根据数据类型设置坐标轴类型。

▶ 文本坐标轴：选中该单选按钮，图表将使用文本型坐标轴。

▶ 日期坐标轴：选中该单选按钮，图表将使用日期型坐标轴。

▶ 自动：设置图表中的数据系列与纵坐标轴之间的距离为默认值。

▶ 分类编号：自定义数据系列与纵坐标轴之间的距离。

▶ 最大分类：设置数据系列与纵坐标轴之间的距离为最大显示。

▶ 在刻度线上：设置坐标轴表示其位置位于刻度线上。

▶ 刻度线之间：设置坐标轴表示其位置位于刻度线之间。

▶ 逆序类别：选中该复选框，坐标轴中的标签顺序将按逆序进行排列。

设置数字类别

在【设置坐标轴格式】窗格中，选择【坐标轴选项】选项卡，用户可以使用【数字】选项组中的【类别】选项设置坐标轴中数字的类别，并在显示的选项区域中设置数字的小数位数与样式。

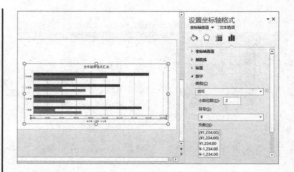

设置刻度线

在【坐标轴选项】选项卡中，用户可以使用【刻度线】选项组中的选项为坐标轴设置刻度线效果，包括外部、内部和交叉等几种。

设置标签位置

在【坐标轴选项】选项卡中，用户可以使用【标签】选项组中的选项设置坐标轴标签的位置，包括轴旁、高、低和无等。

7.4.9　制作组合图表

一般情况下，用户在 PPT 中创建的图表都基于一种图表类型进行显示。当用户需要对一些数据进行特殊分析时，基于一种图表类型的数据系列将无法实现用户分析数据的要求与目的。此时，可以使用 PowerPoint 内置的图表功能来创建组合图表，从而使数据系列根据数据分类选用不同的图表类型。

【例 7-12】创建一个组合图表。 视频

step 1 选择【插入】选项卡，单击【插图】命令组中的【图表】按钮，打开【插入图表】对话框，在对话框左侧的列表中选择一种图表类型，在右侧的列表框中选择一种图表，单击【确定】按钮，如下图所示。

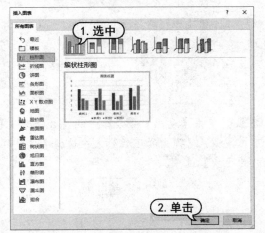

step 2 打开 Excel 窗口在其中输入数据，并设置图表显示的数据区域。

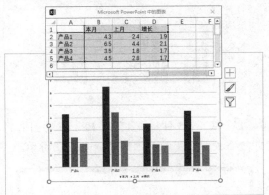

step 3 选中表格，选择【设计】选项卡，单击【类型】命令组中的【更改图表类型】按钮，打开【更改图表类型】对话框。

step 4 在【更改图表类型】对话框左侧的列表中选中【组合】选项，在对话框右侧的选项区域中单击图表中的一个系列名称(例如"增长")，在弹出的列表中选择【折线图】选项。

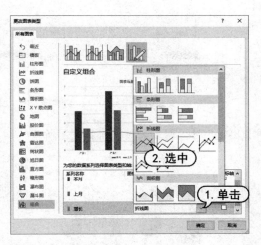

step 5 单击【确定】按钮，即可在 PPT 中插入下图所示的组合图表。

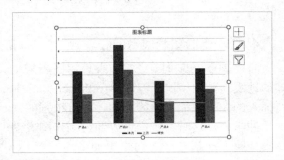

step 6 选中图表中的折线，右击鼠标，在弹出的快捷菜单中选择【设置数据系列格式】命令。

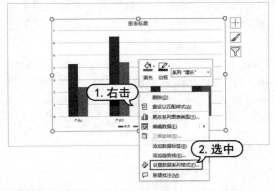

step 7 打开【设置数据系列格式】窗格，选择【系列选项】选项卡，在【系列选项】选项组中选中【次坐标轴】单选按钮。

step 8 此时，图表的效果将如下图所示。

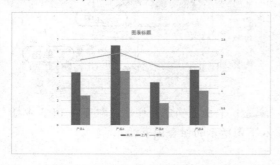

7.4.10 制作图表动画

在制作 PPT 时，经常需要使用图表来生动地反映数据情况。但是，在 PowerPoint 中插入的图表往往都是静态的，没有很强的视觉冲击力。这时，我们可以通过制作图表动画让图表动起来，让 PPT 更加生动。

【例 7-13】创建一个带动画效果的图表。 ◉ 视频

step 1 选择【插入】选项卡，单击【插图】命令组中的【图表】按钮，打开【插入图表】对话框，在对话框左侧的列表中【柱形图】选项，在右侧的列表框中选择【簇状柱形图】选项，并单击【确定】按钮。

step 2 打开 Excel 窗口，输入下图所示的数据，在 PPT 中插入图表。

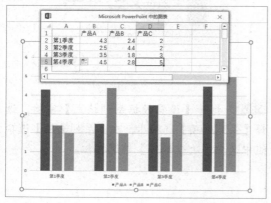

step 3 选中图表，选择【动画】选项卡，在【高级动画】命令组中单击【添加动画】下拉按钮，从弹出的下拉列表中选择【擦除】选项。

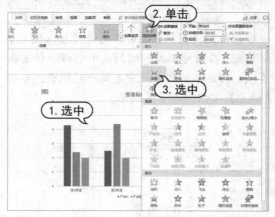

step 4 单击【动画】命令组中的【效果选项】下拉按钮，从弹出的下拉列表中选择【按系列中的元素】选项。

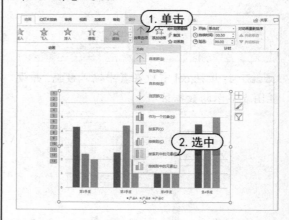

step 5 按下 F5 键播放 PPT，PPT 中的图表将自动播放所设置的动画效果，如下图所示。

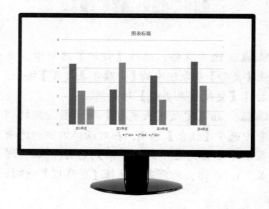

7.5　案例演练

本章介绍了在 PPT 中使用表格与图表呈现数据的方法和技巧。下面的案例演练部分将通过几个具体实例介绍如何制作具有特殊效果的表格与图表。

【例 7-14】制作百分比图表。　视频

step 1　按下 Ctrl+N 组合键创建一个空白 PPT 文档，选择【插入】选项卡，在【表格】命令组中单击【表格】下拉按钮，从弹出的下拉列表中选择【插入表格】命令。

step 2　打开【插入表格】对话框，在【行数】和【列数】文本框中输入 10 后，单击【确定】按钮，在 PPT 中插入 10×10 的表格。

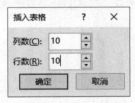

step 3　选中 PPT 中的表格，拖动表格右下角的控制点，调整表格的宽度。

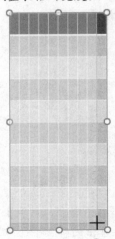

step 4　选择【设计】选项卡，在【表格样式】命令组中单击【底纹】下拉按钮，设置表格的底纹颜色为灰色。

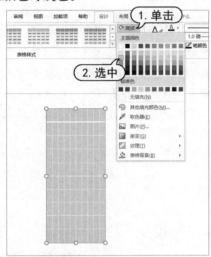

step 5　选中表格中的一部分单元格，右击鼠标，在弹出的快捷菜单中选择【设置形状格式】命令，打开【设置形状格式】窗格，为单元格设置渐变填充。

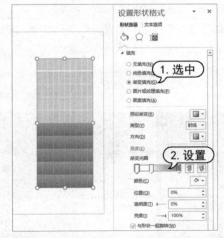

step 6　使用同样的方法，为表格中的其他单元格设置渐变填充，然后按下 Ctrl+D 组合键将表格复制一份，并为复制的表格设置另外一种颜色的渐变填充和填充区域。

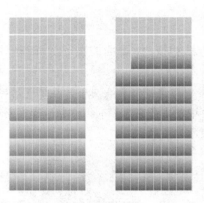

step ⑦ 选择【插入】选项卡，在【文本】命令组中单击【文本框】按钮，在表格上方插入两个文本框并输入下图所示的文本，完成百分比图表的制作。

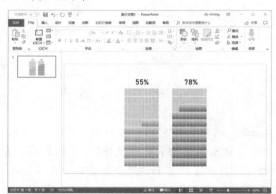

【例7-15】创建一个渐变图表。 🎬 视频

step ① 打开一个配色网站(例如 https://uigradients.com)，选择一个配色方案。

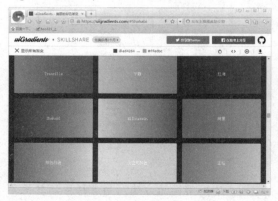

step ② 在网站上选择一种渐变颜色，然后在 PowerPoint 中选择【插入】选项卡，单击【插图】命令组中的【图表】按钮，打开【插入图

表】对话框，在 PPT 中插入下图所示的图表。

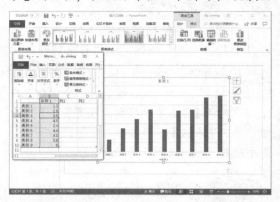

step ③ 选择【插入】选项卡，在【图像】命令组中单击【屏幕截图】按钮，将配色网站中的配色方案页面插入 PPT 中。

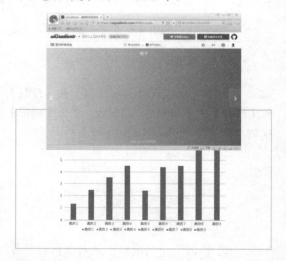

step ④ 双击图表中的第 1 个数据系列，打开【设置数据点格式】窗格。

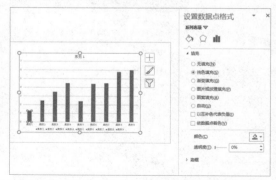

step ⑤ 单击【设置数据点格式】窗格中的【颜色】按钮，在弹出的列表中选择【取色器】选

项，然后使用取色器吸管在配色网页的截图中取色。

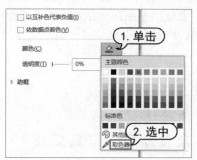

step 6　重复以上操作，为图表中的每个数据点都提取配色网页中的颜色，即可制作出效果如下图所示的渐变图表。

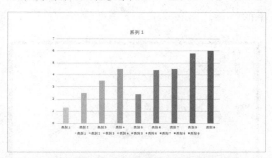

【例 7-16】创建一个拟物化图表。　■视频

step 1　选择【插入】选项卡，单击【插图】命令组中的【图表】按钮，打开【插入图表】对话框，在 PPT 中插入下图所示的图表。

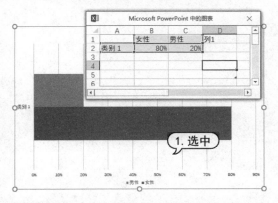

step 2　选中图表中的数据系列，右击鼠标，在弹出的快捷菜单中选择【设置数据系列格式】命令，打开【设置数据系列格式】窗格。

step 3　在【设置数据系列格式】窗格中选择【系列选项】选项卡，在【系列选项】选项组

中设置【系列重叠】的值为-75%，【间隙宽度】的值为 300%。

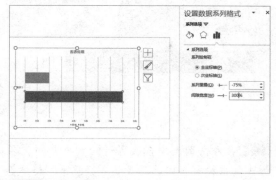

step 4　单击图表右侧的【图表元素】按钮，在弹出的列表中设置图表只显示【图例】和【数据标签】。

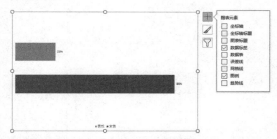

step 5　选中图表中的数据标签，在【开始】选项卡的【字体】命令组中设置数据标签的字体大小为 44。

step 6　访问图标素材网站下载图标素材(例如 http://www.iconfont.cn)，并将下载的素材插入 PPT 中。

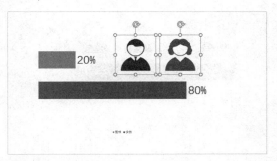

step 7　选中 PPT 中代表男性的图标素材，按下 Ctrl+C 组合键，然后选中图表中代表男性的数据系列，按下 Ctrl+V 键，将其应用在数据系列上。

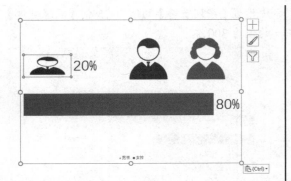

step 8 右击图表中代表男性的数据系列，在弹出的快捷菜单中选择【设置数据系列格式】命令，打开【设置数据系列格式】窗格，在【填充与线条】选项区域中选中【层叠】单选按钮。

step 9 此时，图表中代表男性的数据系列效果将如下图所示。

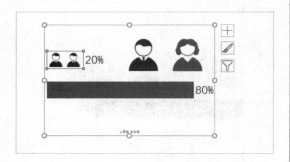

step 10 使用同样的方法，设置图表中代表女性的数据系列，然后选中图表底部的图例，按住鼠标左键调整图例的位置，并在【开始】选项卡的【字体】命令组中设置图例文字的大小。

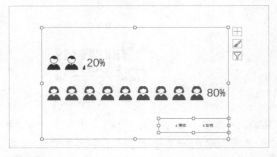

step 11 插入标题文本和图形，对 PPT 进行简单的修饰，图表效果如下图所示。

第8章

PPT 图片处理

图片是 PPT 中不可或缺的重要元素，合理地处理 PPT 中插入的图片不仅能够形象地向观众传达信息，起到辅助文字说明的作用，而且还能够美化页面的效果，从而更好地吸引观众的注意力。

 本章对应视频

8.1 裁剪图片

有时，在设计 PPT 时如果需要让其中的图片看起来有些变化，可以通过添加形状、表格、文本框来"裁剪"图片。

根据内容对 PPT 中的图片进行裁剪

8.1.1 利用形状裁剪图片

在幻灯片中选中一个图片后，在【格式】选项卡的【大小】命令组中单击【裁剪】下拉按钮，在弹出的下拉列表中选择【裁剪为形状】选项，在弹出的子列表中用户可以选择一种形状用于裁剪图形。

以选择【平行四边形】形状为例，幻灯片中图形的裁剪效果如下图所示。

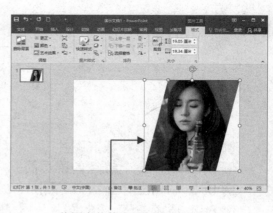

将图表裁剪成平行四边形

此外，通过形状还可以将图片裁剪成更多设计感很强的效果，如下图所示。

【例 8-1】利用绘制的矩形形状裁剪 PPT 中的图片。

🔘 视频+素材 (素材文件\第 08 章\例 8-1)

step 1　选择【插入】选项卡, 在【图像】命令组中单击【图片】按钮, 在幻灯片中插入一个图片, 并拖动图片四周的控制柄, 将其平铺占满整个幻灯片页面。

step 2　在【插图】命令组中单击【形状】下拉按钮, 在弹出的下拉列表中选择【矩形】选项, 在幻灯片中绘制如下图所示的矩形形状。

step 3　选中幻灯片中绘制的形状, 在【格式】选项卡的【排列】命令组中单击【旋转】下拉按钮, 在弹出的下拉列表中选择【其他旋转选项】选项, 打开【设置形状格式】窗格。

step 4　在【设置形状格式】窗格中设置形状的【高度】和【旋转】等参数。

step 5　按下 Ctrl+D 组合键, 将幻灯片中的形状复制多份, 并在【设置形状格式】窗格中分别设置其旋转角度。

step 6　按住 Ctrl 键, 先选中幻灯片中的图片, 再选中形状。

step 7　选择【绘图工具】|【格式】选项卡, 在【插入形状】命令组中单击【合并形状】下拉按钮, 在弹出的下拉列表中选择【拆分】选项。

step 8　此时, 幻灯片中的形状和图片将被拆分, 效果如下图所示。

step 9 选中幻灯片中被拆分形状中多余的部分，按下 Delete 键将其删除。使用文本框在幻灯片中插入文本，效果如下图所示。

8.1.2 利用文本框裁剪图片

在 PPT 中使用文本框，不仅可以将图片裁剪成固定的形状，还可以将图片裁剪成文本形状或制作出文本镂空效果。

1. 使用文本框分割图片

通过在多个文本框中填充图片，可以实现分割图片的效果，具体方法如下。

step 1 选择【插入】选项卡，在【文本】命令组中单击【文本框】下拉按钮，在弹出的下拉列表中选择【横排文本框】选项，在幻灯片中插入一个横排文本框。

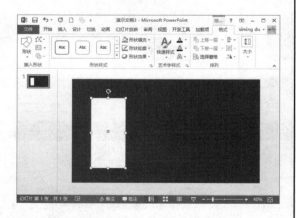

step 2 按下 Ctrl+D 组合键，将幻灯片中的文本框复制多份并调整至合适的位置，然后按住 Ctrl 键选中所有文本框，右击鼠标，在弹出的快捷菜单中选择【组合】|【组合】命令。

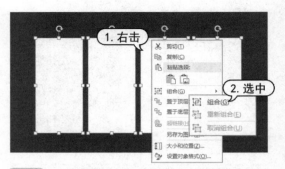

step 3 右击组合后的文本框，在弹出的快捷菜单中选择【设置形状格式】命令，在打开的窗格中展开【填充】选项区域，选中【图片或纹理填充】单选按钮，并单击【文件】按钮。

step 4 打开【插入图片】对话框，选择一个图片文件后，单击【打开】按钮。

step 5 此时，即可在文本框中设置如下图所示的填充图片。

2. 将图片裁剪为文字

利用文本框，用户还可以将图片裁剪成不同格式的字体样式，具体方法如下。

step 1 在 PPT 中插入一个图片后，单击【插入】选项卡中的【文本框】按钮，在图片之上插入一个文本框。

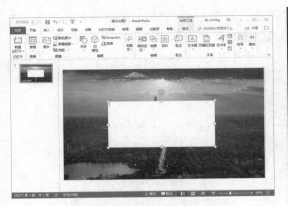

step ② 在文本框中输入文本，并在【开始】选项卡的【字体】命令组中设置文本的字体和字号。

step ③ 右击文本框，在弹出的快捷菜单中选择【设置形状格式】命令，打开【设置形状格式】窗格，在【填充和线条】选项卡中将文本框的【填充】设置为【无填充】，将文本框的【线条】设置为【无线条】。

step ④ 将鼠标指针移动至文本框四周的边框上，当指针变为四向箭头时，按住鼠标指针拖动，调整文本框在图片上的位置。

step ⑤ 按下 Esc 键，取消文本框的选中状态。先选中 PPT 中的图片，然后按住 Ctrl 键再选中文本框。

step ⑥ 选择【绘图工具】|【格式】选项卡，在【插入形状】命令组中单击【合并形状】下拉按钮，从弹出的下拉列表中选择【相交】选项。

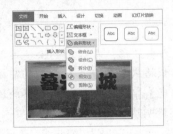

step ⑦ 此时，图片将被裁剪成下图所示的文本形状。

3. 在图片中镂空文本

执行以上操作，在【合并形状】下拉列表中选择【组合】选项，可以制作出如下图所示的镂空文本图片效果。

PowerPoint 2016 幻灯片制作案例教程

8.1.3　利用表格裁剪图片

在 PowerPoint 中，我们还可以通过插入表格来实现图片的裁剪效果，方法如下。

step❶　在幻灯片中插入一个图片后，在【插入】选项卡的【表格】命令组中单击【表格】下拉按钮，在弹出的列表中拖动鼠标，绘制一个 5 行 5 列的表格。

step❷　右击表格，在弹出的快捷菜单中选择【设置形状格式】命令，在打开的窗格中选中【纯色填充】单选按钮，设置表格的填充颜色(白色)和透明度。

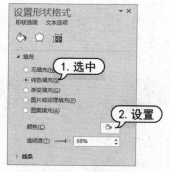

step❸　拖动表格四周的控制柄，调整表格的大小，使其和图片一样大。

step❹　将鼠标指针插入表格的单元格中，在【设置背景格式】窗格中设置单元格的背景颜色和透明度，可以制作出如下图所示的图片裁剪效果。

8.1.4　使用【裁剪】命令裁剪图片

在 PowerPoint 中选中一个图片后，选择【格式】选项卡，单击【大小】命令组中的【裁剪】按钮，用户可以使用图片四周出现的裁剪框，对图片进行裁剪。

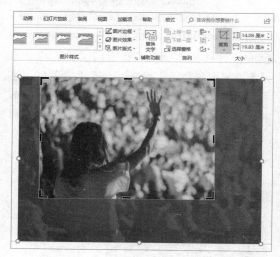

很多用户制作PPT时经常遇到图片不知怎么裁剪得好看的问题。下面介绍几个裁剪图片时设计构图的方法。

1. 三分法

打开手机的相机，会看到一个九宫格，

208

一般将画面的长宽分别分割成三等份，把主体放在分割线的交点处。这个交点处实际上是接近黄金分割点的。

例如，将下图所示的图片使用三分法重新进行裁剪。

效果如下图所示。

2. 以点带面

在裁剪图片时，通过局部表达图片的整体内容，将一部分内容隐藏，给人想象的空间。例如，将下图所示的图片裁剪后用于PPT。

裁剪其中一部分，如下图所示。

3. 化繁为简

化繁为简即裁剪掉图片中多余的内容，使图片突出其要表达的信息。例如，将下图所示的图片进行裁剪。

裁剪图片中多余的部分，如下图所示。

8.2　缩放图片

　　在 PPT 中插入图片素材后，经常需要根据内容对图片进行缩放处理，制作各种具有缩放效果的图片页面。通常情况下，在 PowerPoint 中选择一个图片后，按住鼠标左键拖动图片四周的控制柄，即可对图片执行缩放操作(如果在缩放图片时按住 Shift 键，还可以按照长和宽的比例缩放图片)，将图片根据 PPT 的设计需求进行调整。

控制柄

选中图片后将在图片四周显示控制柄

　　图片缩放是一项基本操作。通常，在制作 PPT 时，该操作会与其他 PPT 设置互相配合使用。下面将举例介绍。

8.2.1　制作局部放大图片效果

　　在 PPT 中插入图片之后，有时候想要让图片的局部放大，以突出重点，比如像下图所示的效果。

　　如果用户需要在 PPT 中对图片进行此类处理，可以参考以下方法。

step 1 在 PPT 中插入图片后，按下 Ctrl+D 组合键将图片复制一份。

step 2 单独选中复制的图片，选择【格式】选项卡，在【裁剪】命令组中单击【裁剪】下拉按钮，从弹出的下拉列表中选择【裁剪为形

状】|【椭圆】选项，将图片裁剪为椭圆形。

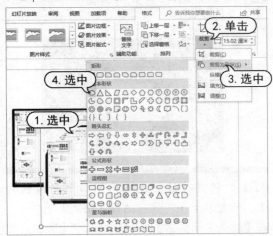

step 3　再次单击【裁剪】下拉按钮，在弹出的下拉列表中选择【纵横比】|【1:1】选项，将椭圆的纵横比设置为 1:1。

step 4　拖动图片四周的控制柄放大图片，并将需要放大显示的位置置于圆形中。

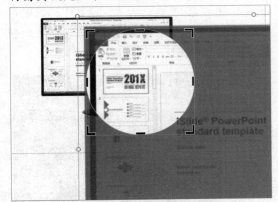

step 5　单击幻灯片的空白位置，完成对图片的裁剪，然后右击裁剪得到的圆形图片，在弹出的快捷菜单中选择【设置图片格式】命令。

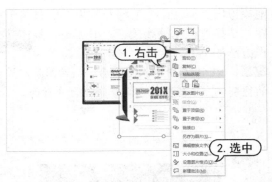

step 6　打开【设置图片格式】窗格，在【填充与线条】选项组中为图片设置一个边框。

step 7　按住 Shift 键的同时拖动圆形图片四周的控制柄，调整图片的大小，然后将鼠标指针放置在图片上，当指针变为双向箭头时按住左键移动图片的位置，即可制作出下图所示的局部放大图片效果。

8.2.2　制作多分支演示图片

　　缩放定位是 Office 2016 版本中的一个新功能，使用该功能用户可以在 PPT 中逼真地模拟出类似 Prezi 的演示效果，而且整个图片切换过程无缝连接、平滑流畅。具体操作方法如下。

step 1 在 PPT 中插入图片后，拖动图片四周的控制柄，设置图片占满整个幻灯片页面。

step 2 新建一个空白幻灯片，选择【插入】选项卡，在【链接】命令组中单击【缩放定位】下拉按钮，从弹出的下拉列表中选择【幻灯片缩放定位】选项。

step 3 打开【插入幻灯片缩放定位】对话框，选中空白幻灯片前的复选框，然后单击【插入】按钮。

step 4 此时，将在页面中插入一个下图所示的空白框。将鼠标指针放置在空白框之上，移动空白框的位置。

step 5 将鼠标放置在空白框四周的控制柄上，调整其大小，然后选择【格式】选项卡，在【缩放定位样式】命令组中选中【缩放定位背景】选项，将空白框的背景色设置为透明。

step 6 选中第 2 张幻灯片，在其中插入图片并调整图片的大小，即可在第 1 张幻灯片中创建下图所示的缩放定位图片。

step 7 使用同样的方法，在第 2 张幻灯片中设置幻灯片缩放定位，然后按下 F5 键预览 PPT，即可看到多分支图片演示的效果。

8.3　抠图

在 PPT 的制作过程中，为了达到预想的页面设计效果，我们经常会对图片进行一些处理。其中，抠图就是图片处理诸多手段中的一种。有时，图片经过抠图处理后能够让 PPT 页面显得更具设计感，如下图所示。

在 PowerPoint 中，对幻灯片中的图片执行"抠图"操作的方法有很多种，下面将逐一介绍。

8.3.1　通过"合并形状"抠图

以下图所示的图片为例，在 PowerPoint 中，用户利用【绘图工具】|【格式】选项卡中的【合并形状】功能，对图形中不规则的区域执行"抠图"操作。

step 1　在幻灯片中插入一个图片，选择【插入】选项卡，在【插图】命令组中单击【形状】下拉按钮，在弹出的下拉列表中选择【任意多边形】按钮，在图片上沿着需要抠图的位置绘制一个闭合的任意多边形。

step 2　按住 Ctrl 键，先选中幻灯片中的图片，再选中绘制的任意多边形。

step 3　选择【绘图工具】|【格式】选项卡，

在【插入形状】命令组中单击【合并形状】下拉按钮，在弹出的下拉列表中选择【相交】选项。此时幻灯片中的图片效果如下图所示。

step 4　右击幻灯片中的图片，在弹出的快捷菜单中选择【设置图片格式】命令，打开【设置图片格式】窗格。

step 5　在【设置图片格式】窗格中单击【效果】按钮，在显示的列表中展开【柔化边缘】选项区域，设置【大小】参数。

step 6　完成以上设置后，图片的抠图效果如下图所示。

8.3.2 通过"删除背景"抠图

对于背景颜色相对单一的图片，用户可以使用 PowerPoint 软件的"删除背景"功能，实现抠图效果。具体操作方法如下。

step ① 在幻灯片中插入下图所示的图片，选择【格式】选项卡，单击【调整】命令组中的【删除背景】按钮。

step ② 进入背景删除模式，在图片中显示下图所示的控制框，拖动该控制框四周的控制柄，设置抠图范围。

step ③ 选择【背景消除】选项卡，单击【标记要保留的区域】按钮，在图片中指定保留区域。

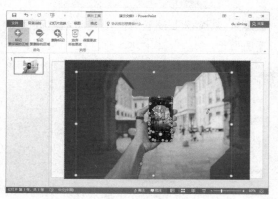

step ④ 单击【背景消除】选项卡中的【标记要删除的区域】按钮，在图片中指定需要删除的区域。

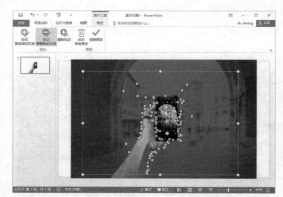

step ⑤ 单击【背景消除】选项卡中的【保留更改】按钮，抠图效果如下图所示。

8.3.3 通过"设置透明色"抠图

对于背景颜色为白色等单一色彩的图片，用户可以通过为图片设置透明色背景的方法来抠图。具体操作方法如下。

step ① 选中图片后选择【格式】选项卡，单击【调整】命令组中的【颜色】下拉按钮，从弹出的下拉列表中选择【设置透明色】选项。

step 2 当鼠标指针变为下图所示的画笔形状时，单击图片的白色背景。

step 3 背景颜色将被设置为透明色，实现抠图效果。

step 4 右击图片，在弹出的快捷菜单中选择【设置图片格式】命令，打开【设置图片格式】窗格，在【效果】选项卡中为图片设置阴影和柔化边缘等效果，可以制作出如下图所示的抠图效果。

8.3.4　通过"裁剪为形状"抠图

通过裁剪图片，也能够在 PPT 中实现抠图效果。具体操作方法如下。

step 1 选中图片后选择【格式】选项卡，单击【大小】命令组中的【裁剪】下拉按钮，从

弹出的下拉列表中选择【裁剪为形状】选项，显示形状选择列表，选择一种用于裁剪图形的形状(本例中选择"等腰三角形"形状)。

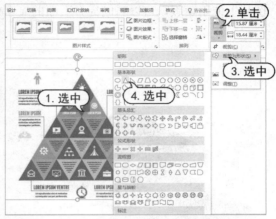

step 2 再次单击【裁剪】下拉按钮，从弹出的下拉列表中选择【纵横比】|【1:1】选项(纵横比可根据裁剪需要自行设置)，在图片中显示纵横比控制柄，调整控制柄使图片裁剪区域正好覆盖需要的抠图位置。

step 3 单击幻灯片空白处，即可从图片中抠图，效果如下图所示。

8.4 设置蒙版

PPT 中的图片蒙版实际上就是遮罩在图片上的一个图形。在许多商务 PPT 的设计中，在图片上使用蒙版，可以瞬间提升页面的显示效果。

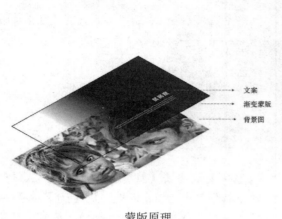

蒙版原理

在 PPT 图片中使用蒙版

在设置 PPT 时，我们可以为幻灯片中的图片设置单色、局部以及形状组合等多种蒙版，下面将分别介绍。

8.4.1 设置单色蒙版

在 PowerPoint 中设置单色蒙版的方法非常简单，具体操作方法如下。

step 1 在幻灯片中的图片上绘制一个与图片一样的图形，覆盖图片。

step 2 右击图形，在弹出的快捷菜单中选择【设置形状格式】命令，在打开的窗格中展开【填充】选项组，设置相应的【透明度】参数即可。

step 3 设置蒙版并在其上插入文本，即可制作出效果如下图所示的单色蒙版。

8.4.2　设置局部蒙版

设置局部蒙版实际上就是在图片中为图片的某一部分添加蒙版，其具体设置方法与设置单色蒙版的方法类似。

通过局部蒙版，我们可以实现下图所示的 PPT 页面效果。

局部蒙版

8.4.3　设置形状组合蒙版

我们可以在图片中创建出各种组合蒙版，以提升 PPT 页面的设计效果。

例如，圆形叠加组合蒙版。

多个三角形组合蒙版。

多个矩形组合蒙版。

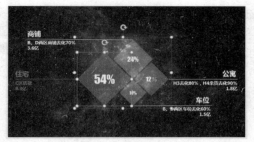

此外，通过对图形组合与剪切还可以在 PowerPoint 2016 中制作出镂空效果的 PPT 页面。

【例 8-2】设置一个镂空的页面效果。

视频+素材 (素材文件\第 08 章\例 8-2)

step 1　选择【插入】选项卡，在【插图】命令组中单击【形状】下拉按钮，在弹出的下拉列表中选择【矩形】选项，插入一个矩形形状填满整个幻灯片，并将其颜色设置为灰色。

step 2　再次单击【形状】下拉按钮，在弹出的下拉列表中选择【等腰三角形】选项，在幻灯片中插入一个等腰三角形。

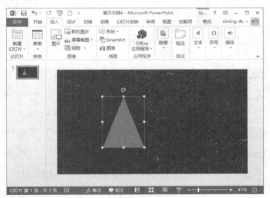

step 3　按下 Ctrl+D 组合键将幻灯片中的等腰三角形复制两份，并调整其在页面中的位置和旋转角度。

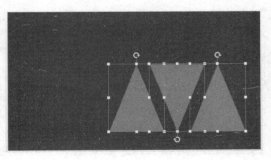

step 4 右击 PowerPoint 快速访问工具栏，在弹出的快捷菜单中选择【自定义快速访问工具栏】命令。

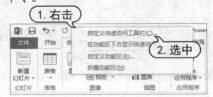

step 5 打开【PowerPoint 选项】对话框，单击【从下列位置选择命令】按钮，在弹出的列表中选择【不在功能区中的命令】选项，然后在该选项下方列表中选择【剪除形状】选项，并单击【添加】按钮。

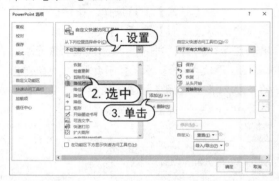

step 6 在【PowerPoint 选项】对话框中单击【确定】按钮后，将在 PowerPoint 窗口左上角的快速访问工具栏中添加【剪除形状】按钮。

step 7 先选中幻灯片中灰色矩形背景，按住 Ctrl 键选中幻灯片中的 3 个等腰三角形，然后单击快速访问工具栏中的【剪除形状】按钮。

剪除形状

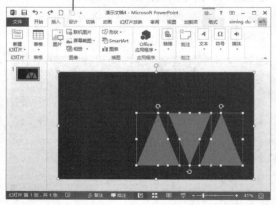

step 8 此时，蓝色的 3 个等腰三角形将被剪除。

step 9 在【插入】选项卡的【图像】命令组中单击【图片】按钮，在幻灯片中插入一张图片，并将其位置调整至幻灯片中 3 个等腰三角形的上方。

step 10 右击幻灯片中插入的图片，在弹出的快捷菜单中选择【置于底层】|【置于底层】命令。

step 11 此时，即可在幻灯片中制作出如下图所示的镂空页面效果。

step 12 在幻灯片中绘制一个矩形形状，在【设置形状格式】窗格中设置形状的【透明度】参数，然后右击形状，在弹出的快捷菜单中选择【置于底层】|【下移一层】命令，可以创建出如下图所示的图片蒙版效果。

8.5　调整图片效果

在 PowerPoint 中选中一张图片后，用户可以通过【格式】选项卡的【调整】命令组中的【更正】【颜色】和【艺术效果】等下拉按钮，调整图片的显示效果。

在 PPT 中调整图片的艺术效果

设置锐化/柔化、亮度/对比度

单击【更正】下拉按钮，在弹出的下拉列表中用户可以使用 PowerPoint 预设的样式，为图片设置锐化/柔化、亮度/对比度。

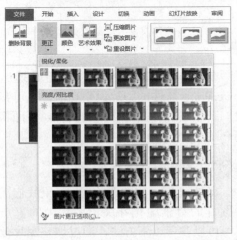

在【更正】下拉列表中选择【图片更正

选项】命令，打开【设置图片格式】窗格，用户可以详细地设置图片的亮度、对比度和清晰度参数。

设置颜色饱和度、色调

单击【颜色】下拉按钮，在弹出的下拉列表中用户可以为图片设置颜色饱和度、色调并重新着色。

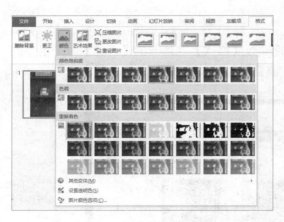

在【颜色】下拉列表中选择【其他变体】选项，用户可以使用弹出的颜色选择器将图片设置为各种不同的颜色。例如，选择"黑色"，可以将图片变为下图所示的黑白图片。

在【颜色】下拉列表中选择【图片颜色选项】，用户可以在打开的【设置图片格式】窗格中设置图片的饱和度和色温等参数。

设置艺术效果

单击【艺术效果】下拉按钮，在弹出的下拉列表中用户可以在图片上使用 PowerPoint 预设的艺术效果。

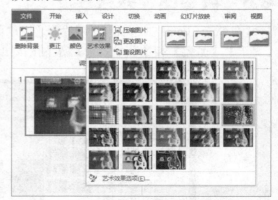

例如，下图所示为设置"玻璃"艺术效果后的图片。

在【艺术效果】下拉列表中选择【艺术效果选项】命令，用户也可在打开的【设置图片格式】窗格中为艺术效果设置透明度、缩放等参数。

在制作 PPT 的过程中，巧妙地运用 PowerPoint 软件的图片调整功能，也可帮助我们制作出各种效果非凡的图片，下面将举例介绍。

8.5.1 制作虚化背景效果

在处理 PPT 中的图片时，如果我们需要将图片的背景虚化并突出图片中的重点内容，可以参考以下方法，通过调整图片效果为图片设置虚化背景效果。

step ①　在 PPT 中插入需要突出显示的图片，并在【格式】选项卡中单击【删除背景】按钮，删除图片的背景。

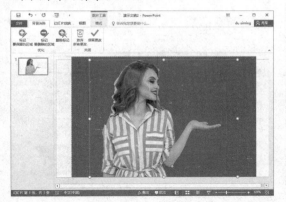

step ②　选中删除背景后的图片，单击【格式】选项卡【调整】命令组中的【更正】下拉按钮，在弹出的下拉列表中调整图片的锐化和对比度参数(锐化为 50%，对比度为 20%)。

step ③　在 PPT 中插入作为虚化背景的图片，然后右击该图片，在弹出的快捷菜单中选择【置于底层】命令。

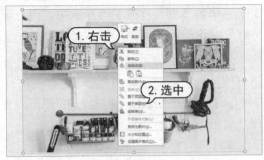

step ④　单击【格式】选项卡中的【艺术效果】下拉按钮，从弹出的下拉列表中选择【虚化】选项，即可制作出背景虚化的图片效果。

step ⑤　按住 Ctrl 键同时选中 PPT 中的两张图片，右击鼠标，在弹出的快捷菜单中选择【组合】|【组合】命令，将图片组合在一起。

step ⑥　此时，用户通过拖动背景图片四周的控制柄可以同时调整两张图片的大小。

8.5.2　制作图片黑白背景效果

通过调整图片和颜色，用户可以为彩色图片设置黑白背景，并应用色彩突出其中需要观众注意的内容。具体操作方法如下。

step ①　在 PPT 中插入图片后，按下 Ctrl+D 组合键，将图片复制一份。

step 2 选中复制的图片，单击【格式】选项卡中的【裁剪】下拉按钮，从弹出的下拉列表中选择【裁剪为形状】|【椭圆】选项，裁剪图形。

step 3 再次单击【裁剪】下拉按钮，从弹出的下拉列表中选择【纵横比】|【1:1】选项，调整图片的裁剪区域。

step 4 单击幻灯片的空白区域，将选中的图片裁剪为圆形。

step 5 选中 PPT 中的另一张图片，在【格式】

选项卡的【调整】命令组中单击【颜色】下拉按钮，从弹出的下拉列表中选择一种黑白色调样式，将其应用于图片之上。

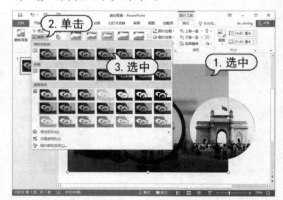

step 6 将步骤 4 裁剪得到的圆形图片移动至黑白图片上，即可得到效果如下图所示的黑白背景图片。同时选中 PPT 中的两张图片，右击鼠标，在弹出的快捷菜单中选择【组合】|【组合】命令，将图片组合。

8.6 使用图片样式

在 PowerPoint 中选择一张图片后，在【格式】选项卡的【图片样式】命令组中，用户可以为图片设置版式、效果、边框等样式，也可以将软件自带的样式应用于图片之上。

设置边框

单击【图片样式】命令组中的【图片边框】下拉按钮，将弹出下图所示的下拉列表。

在该下拉列表中，用户可以设置图片的边框颜色、边框粗细和边框样式。

▶【主题颜色】和【标准色】：用于设置图片边框的颜色。

▶【无边框】：设置图片没有边框。

▶【粗细】：用于设置图片边框的粗细。

▶【虚线】：用于设置图片边框的样式，包括圆点、方点、画线-点等，如下图所示。

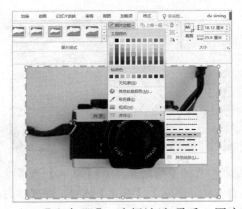

▶ 【取色器】：选择该选项后，用户可以通过单击屏幕取色，并将取到的颜色应用于边框之上。

▶ 【其他轮廓颜色】：选择该选项后，将打开【颜色】对话框，在该对话框中用户可以自定义图片边框的颜色。

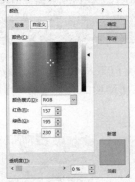

设置效果

单击【图片样式】命令组中的【图片效果】下拉按钮，在弹出的下拉列表中，用户可以为图片设置各种特殊效果。

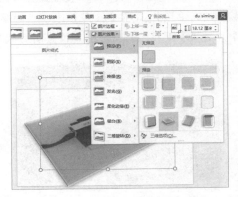

▶ 【预设】：可以选择将 PowerPoint 预设的效果应用于图片之上。

▶ 【阴影】：可以为图片设置无阴影、外部、内部和透视等阴影效果。

▶ 【映像】：可以为图片设置 PowerPoint 预设的 9 种映像效果。

▶ 【发光】：可以为图片设置发光效果和发光颜色。

▶ 【柔化边缘】：可以为图片设置柔化边缘效果和相应的距离。

▶ 【棱台】：可以为图片设置三维棱台效果。

▶ 【三维旋转】：可以为图片设置平行、透视和倾斜等三维旋转效果。

设置版式

单击【图片样式】命令组中的【图片版式】下拉按钮，在弹出的下拉列表中用户可以为图片应用 SmartArt 图形版式。

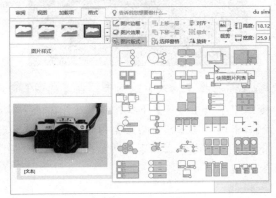

使用图片样式

在【图片样式】命令组中单击【其他】按钮，用户可以将 PowerPoint 内置的图片样式(28 种)应用于图片之上。

合理应用以上功能，可以在 PowerPoint 中制作出各种具有特殊效果的图片，下面将举例介绍。

8.6.1　制作图片立体折页效果

立体折页效果是一种很棒的图片处理方式。用户在 PowerPoint 中对图片进行简单的处理，即可让图片具有下图所示的立体折页效果。

【例8-3】为图片设置立体折页效果。

🎬视频+素材 (素材文件\第08章\例8-3)

step 1 在 PPT 中插入图片后，在图片上绘制如下图所示的白色直线作为参考线。

step 2 选择【插入】选项卡，在【插图】命令组中单击【形状】下拉按钮，在弹出的下拉列表中选择【任意多边形】按钮⌐，在图片上依次单击参考线上的下图所示的交点 A~H，绘制多边形。

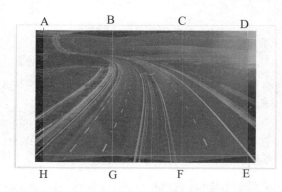

step 3 先选中图片，再按住 Ctrl 键选中绘制好的蓝色区域。

step 4 选择【绘图工具】|【格式】选项卡，单击【合并形状】|【相交】选项，即可得到如下图所示的图片。

step 5 删除 PPT 中的水平参考线，选中垂直参考线并在【绘图工具】|【格式】选项卡中调整其粗细。

step 6 选中图片，在【格式】选项卡中单击【图片效果】下拉按钮，为图片设置阴影效果。

step⑦　再次单击【图片效果】下拉按钮，在弹出的下拉列表中选择【阴影】|【阴影选项】命令。

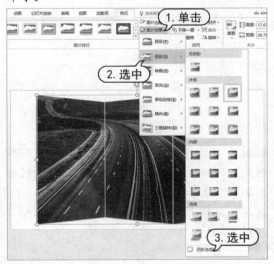

step⑧　打开【设置图片格式】窗格，在【阴影】选项组中设置图片的阴影参数。

step⑨　完成以上设置后，即可得到如下图所示的立体折页效果的图片。

step⑩　在 PPT 中插入一个矩形图形，并在其上设置文本框，可以实现下图所示的设计。

8.6.2　制作异形剪纸图片效果

很多用户在制作PPT时喜欢给图片加上一个下图所示的立体白边的异形剪纸效果，使其看起来更加凸显主题。

在 PowerPoint 中为图片制作此类效果的具体方法如下。

step❶　在 PPT 中插入图片，单击【格式】选项卡中的【删除背景】按钮，删除图片的背景。

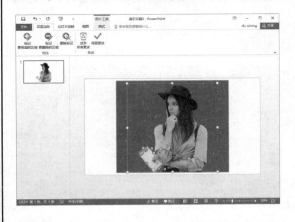

step❷　按下 Ctrl+D 组合键，将制作的图片复制一份，并选中复制的图片。

step 3 选择【插入】选项卡，在【插图】命令组中单击【形状】下拉按钮，从弹出的下拉列表中选择【自由曲线】形状，沿着选中的图形绘制下图所示的曲线。

step 4 选择【格式】选项卡，在【形状样式】命令组中单击【形状填充】下拉按钮，从弹出的下拉列表中将形状填充颜色设置为"白色"。

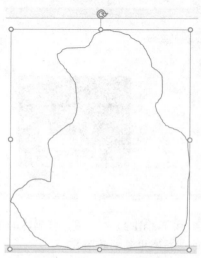

step 5 单击【形状样式】命令组中的【形状轮廓】下拉按钮，将形状的轮廓设置为"无轮廓"。

step 6 单击【形状样式】命令组中的【形状效果】下拉按钮，在弹出的下拉列表中选择【阴影】|【阴影选项】命令，打开【设置形状格式】窗格，为形状设置下图所示的阴影效果。

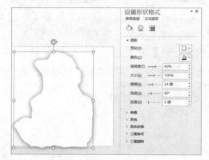

step 7 右击步骤 1 制作的图片，在弹出的快捷菜单中选择【置于顶层】命令。选择【格式】选项卡，在【图片样式】命令组中单击【图片效果】下拉按钮，从弹出的下拉列表中选择【柔化边缘】|【1磅】选项。

step 8 将图片拖动至步骤 6 设置的形状上，即可得到下图所示的异形剪纸图形效果。

step ⑨ 按下 Ctrl+A 组合键，选中幻灯片中的所有元素，右击鼠标，在弹出的快捷菜单中选择【组合】|【组合】命令，将图片组合。

8.6.3　制作分割映像图片效果

如果用户想在 PPT 中制作一个如下图所示的分割图片效果，可以参考以下方法进行操作。

step ① 选择【插入】选项卡，在【插图】命令组中单击【形状】下拉按钮，在 PPT 中插入 5 个矩形图形，然后右击鼠标，在弹出的快捷菜单中选择【组合】|【组合】命令，将图形组合。

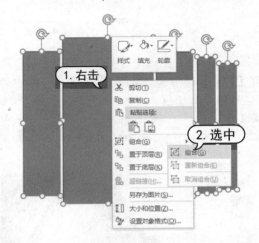

step ② 打开【设置形状格式】窗格，在【线条】选项组中，选中【无线条】单选按钮，设置图形无边框线。

step ③ 展开【填充】选项组，选中【图片或纹理填充】单选按钮，然后单击【文件】按钮，在打开的对话框中选择一个图片文件后，单击【插入】按钮，为组合的图形设置填充图片。

step ④ 右击组合后的图形，在弹出的快捷菜单中选择【组合】|【取消组合】命令，取消图形的组合状态。

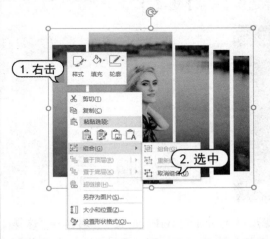

step ⑤ 按下 Ctrl+A 组合键选中 PPT 中的所有图片，选择【图片工具】|【格式】选项卡，在【图片样式】命令组中单击【图片效果】下拉按钮，从弹出的下拉列表中选择【映像】|【紧密映像，4 偏移量】选项，为图片设置映像效果。

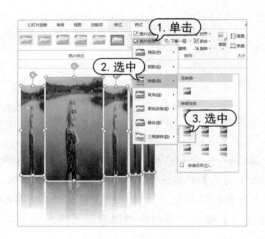

step⑥ 右击选中的图形，在弹出的快捷菜单中选择【组合】|【组合】命令，再次将图形组合。

step⑦ 在【设置形状格式】窗格中选中【图片或纹理填充】单选按钮，即可实现图片分割映像效果。

8.7 压缩图片

在 PPT 中添加大量图片后，很容易导致 PPT 文件的大小超过普通电子邮件的发送限制，或者造成放映不流畅等问题。此时，用户可以使用 PowerPoint 2016 的"图片压缩"功能解决这个问题。

【例 8-4】使用 PowerPoint 的"图片压缩"功能压缩 PPT 中的图片。
⊙视频+素材 (素材文件\第 08 章\例 8-4)

step① 选择【文件】选项卡，在显示的菜单中选择【选项】选项。

step② 打开【PowerPoint 选项】对话框，选择【高级】选项，在打开的【图像大小和质量】选项区域中单击【将默认目标输出设置为】下拉按钮，在弹出的下拉列表中设置当前 PPT 中默认的图像分辨率，然后单击【确定】按钮。

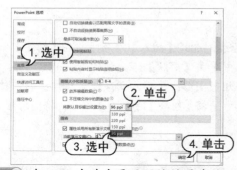

step③ 在 PPT 中选中需要压缩的图片后，选择【格式】选项卡，单击【调整】命令组中的【压缩图片】按钮。

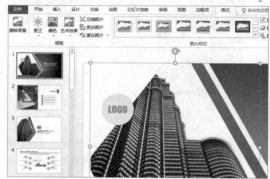

step ④ 打开【压缩图片】对话框，选中【电子邮件(96 ppi)】选项，设置尽可能地压缩图片，缩小文档以便 PPT 共享。

step ⑤ 单击【确定】按钮，即可将 PPT 中的图片压缩处理。

在设置压缩 PPT 中的图片时，并不是所有的图片被压缩后都能得到理想的效果，有些图片被压缩后会出现显示模糊的现象。导致图片模糊的原因有很多，其中最主要的原因是图片格式问题(比如，将相机中的图片直接导入 PPT)、图片分辨率过大，从而导致 PowerPoint 无法正确识别。

8.8　案例演练

本章讲解了在 PowerPoint 2016 中处理 PPT 图片的方法，下面的案例演练部分将通过实例操作，介绍几种制作特殊效果图片的技巧。

【例 8-5】使用 PowerPoint 制作撕纸效果图片。

视频+素材 (素材文件\第 08 章\例 8-5)

step ① 在 PPT 中插入一张图片后，选择【插入】选项卡，在【插图】命令组中单击【形状】下拉按钮，插入一个图片 1/2 大小的矩形图形。

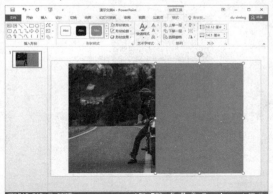

step ② 选中 PPT 中的图片，选择【格式】选项卡，单击【裁剪】按钮，将图片剪裁成矩形大小，如下图所示。

step ③ 右击矩形图形，在弹出的快捷菜单中选择【编辑顶点】命令。

step ④ 通过调整图形上的控制柄，将矩形调整为下图所示的任意多边形。

step ⑤ 右击步骤 2 裁剪的图片，在弹出的快捷菜单中选择【另存为图片】命令，打开【另存为图片】对话框，将图片保存为 PNG 格式。

step ⑥ 选中步骤 4 制作的任意多边形，右击鼠标，在弹出的快捷菜单中选择【设置形状格式】命令，打开【设置形状格式】窗格，在【填充】选项组中选中【图片或纹理填充】单选按钮，并单击【文件】按钮。

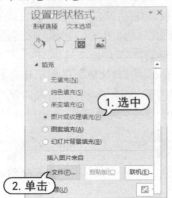

step 7 打开【插入图片】对话框，选中步骤 5 中保存的 PNG 图片，单击【插入】按钮，使用图片填充任意多边形。

step 8 选择【插入】选项卡，在【插图】命令组中单击【形状】下拉按钮，使用【自由曲线】工具 ✎，绘制如下图所示的自由曲线。

step 9 右击绘制的图形，在弹出的快捷菜单中选择【设置形状格式】命令，打开【设置形状格式】窗格，将图形的填充色设置为"白色"，

线条设置为"无线条"。

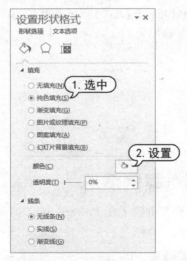

step 10 选中 PPT 中下图所示的图片和图形，右击鼠标，在弹出的快捷菜单中选择【组合】|【组合】命令，将图片组合，然后按下 Ctrl+C 组合键和 Ctrl+Alt+V 组合键。

step 11 打开【选择性粘贴】对话框，选中【图片(PNG)】选项，单击【确定】按钮。

step 12 选择【格式】选项卡，单击【裁剪】
按钮，对转换后的图片进行裁剪，裁剪掉图片
四周多余的部分。

step 13 选择【格式】选项卡，在【图片样式】
命令组中单击【图片效果】下拉按钮，为图片
设置下图所示的阴影效果。

step 14 重复以上操作，使用同样的方法在PPT
中制作效果如下图所示的另一半图。

step 15 移动制作好的两张图，将图片拼接在
一起即可制作出如下图所示的撕纸效果图片。

【例8-6】使用 PowerPoint 制作墨迹效果图片。
视频+素材 (素材文件\第08章\例8-6)

step 1 通过图片素材网站下载墨迹素材，并
将素材图片插入 PPT 中。

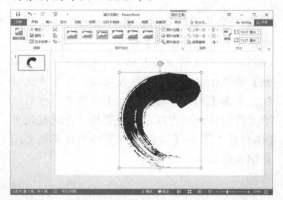

step 2 选择【格式】选项卡，单击【调整】
命令组中的【颜色】下拉按钮，从弹出的下拉
列表中选择【设置透明色】选项。

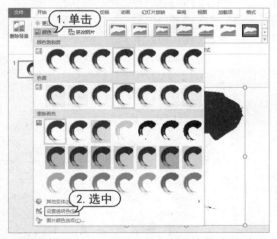

step 3 单击 PPT 中的墨迹图片，设置墨迹背
景颜色为透明色，如下图所示。

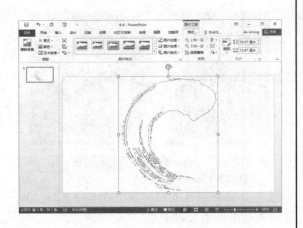

【例8-7】在页面中添加九宫格。 视频

step❶ 在处理PPT中的图片素材时，经常需要参照九宫格法对图片进行裁剪。此时，用户可以在PPT页面中通过插入一个3×3的表格来制作九宫格。

step④ 右击墨迹图片，在弹出的快捷菜单中选择【设置图片格式】命令。

step⑤ 打开【设置图片格式】对话框，在【填充】选项组中选中【图片或纹理填充】单选按钮，单击【文件】按钮设置图片填充，然后选中【将图片平铺为纹理】复选框，并通过设置【偏移量X】和【偏移量Y】的参数来调整填充图片的位置。

step❷ 调整表格的大小，使其覆盖整个图片。

step❸ 选择【设计】选项卡，在【表格样式】命令组中选择【无样式：无网格】选项，清除表格上默认的样式。

step⑥ 完成以上操作后，将为图片设置如下图所示的墨迹效果。

step ④ 单击【表格样式】命令组中的【边框】
下拉按钮，从弹出的下拉列表中选择【所有框
线】选项。

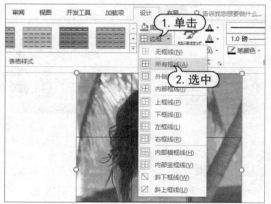

step ⑤ 此时，将在页面中得到一个效果如下
图所示的九宫格图。用户可以参考九宫格构图
法对图形进行裁剪。

【例8-8】使用 PowerPoint 制作毛玻璃效果的 PPT
封面图。

视频+素材 (素材文件\第 08 章\例 8-8)

step ① 选择【插入】选项卡，在【图像】命
令组中单击【图片】按钮，在 PPT 封面页中插
入一个下图所示的图片。

step ② 拖动图片四周的控制点，调整图片的

大小，使图片完全覆盖当前的 PPT 页面。

step ③ 选择【格式】选项卡，单击【大小】
命令组中的【裁剪】按钮，裁剪掉图片四周超
出 PPT 页面大小的部分。

step ④ 按下 Ctrl+D 组合键，将背景图片复制
一份，并拖动至一边待用。

step ⑤ 再次选择【插入】选项卡，在【插图】
命令组中单击【形状】下拉按钮，从弹出的
下拉列表中选择【等腰三角形】选项。在页
面中按住鼠标左键拖动，绘制一个等腰三角
形，并利用智能参考线，将该等腰三角形移
动至页面中心。

step 6 按住 Ctrl 键，先选中页面中的背景图，再选中等腰三角形形状，然后选择【绘图工具】|【格式】选项卡，在【插入形状】命令组中单击【合并形状】下拉按钮，从弹出的下拉列表中选择【相交】选项。

step 7 选择【格式】选项卡，在【调整】命令组中单击【艺术效果】下拉列表，从弹出的下拉列表中选择【玻璃】效果。

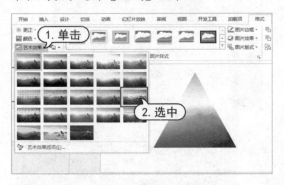

step 8 选中步骤 4 复制的背景图片，将其移动至 PPT 页面中，并调整图片的位置，使其覆盖整个页面。

step 9 右击页面中的背景图片，在弹出的快捷菜单中选择【置于底层】|【置于底层】命令，将背景图片置于页面图层的最底层。

step 10 选中步骤 7 得到的玻璃效果的等腰三角形图片，选择【格式】选项卡，在【图片格式】命令组中单击【图片边框】下拉按钮，从弹出的下拉列表中选择【白色】，设置图片的边框颜色为"白色"，如下图所示。

step 11 再次单击【图片边框】下拉按钮，从弹出的下拉列表中选择【粗细】|【3 磅】选项，设置图片边框的粗细为3磅，效果如下图所示。

step 12 右击鼠标，在弹出的快捷菜单中选择【设置图片格式】命令，打开【设置图片格式】

窗格，在【效果】选项卡中设置图片的模糊效果参数，如下图所示。

step⑬ 最后，选择【插入】选项卡，在【文本】命令组中单击【文本框】下拉按钮，从弹出的下拉列表中选择【横排文本框】选项，在页面中插入两个文本框，并分别输入下图所示的文本，完成封面页毛玻璃效果图的制作。

【例 8-9】使用 PowerPoint 制作拖影效果的 PPT 封面图。

视频+素材 (素材文件\第 08 章\例 8-9)

step① 选择【插入】选项卡，在【图像】命令组中单击【图片】按钮，在页面中插入一个图片，并调整图片的大小，使其覆盖 PPT 页面。

step② 单击【插入】选项卡中的【形状】下拉按钮，在弹出的下拉列表中选择下图所示的【燕尾形】选项。

step③ 按住鼠标左键在页面中拖动，绘制效果如下图所示的燕尾形形状。

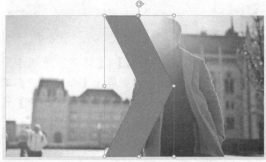

step④ 按下 Ctrl+D 组合键，将绘制的燕尾形形状复制多份，然后按住 Ctrl 键选中页面中所有的燕尾形形状。

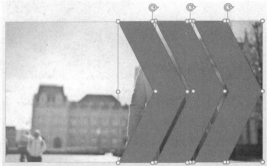

step⑤ 拖动形状四周的控制点，使选中的形状变形，效果如下图所示。

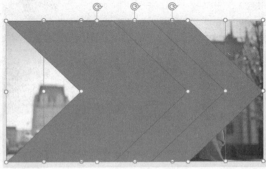

step⑥ 按下 Esc 键取消页面中所有形状的选中状态，然后按住 Ctrl 键，先选中背景图片，再选择页面中的形状。

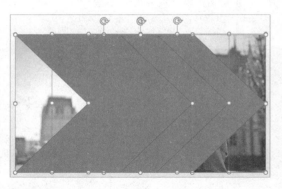

step ⑦ 选择【绘图工具】|【格式】选项卡，在【插入形状】命令组中单击【合并形状】下拉按钮，从弹出的下拉列表中选择【拆分】选项，得到下图所示的图形。

step ⑩ 使用同样的方法，从左到右依次设置页面中其他图片的亮度(参数递减)，得到如下图所示的页面效果。

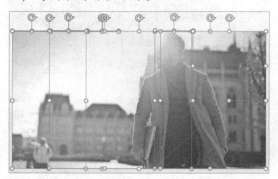

step ⑧ 选中页面中最左侧的拆分图片，右击鼠标，在弹出的快捷菜单中选择【设置图片格式】命令，显示【设置图片格式】窗格。

step ⑪ 选择【插入】选项卡，在【文本】命令组中单击【文本框】下拉按钮，从弹出的下拉列表中选择【横排文本框】选项，在页面中插入两个文本框，并分别输入下图所示的文本，完成拖影效果页面的制作。

【例 8-10】使用 PowerPoint 制作交融图片效果

视频+素材 (素材文件\第 08 章\例 8-10)

step ⑨ 在【设置图片格式】窗格的【图片】选项卡中，设置图片的亮度为 50%。

step ① 选择【插入】选项卡，在【图像】命令组中单击【图片】按钮，在页面中插入下图所示的图片。

step 2 选择【格式】选项卡，单击【调整】命令组中的【删除背景】按钮，进入背景删除界面，删除图片的背景。

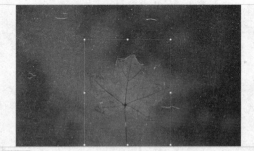

step 3 单击【背景消除】选项卡中的【保留更改】按钮。

step 4 右击图片，在弹出的快捷菜单中选择【设置图片格式】命令，打开【设置图片格式】窗格，设置图片的清晰度、亮度、对比度和饱和度。

step 5 此时，PPT 页面中图片的效果将如下图所示。

step 6 选择【插入】选项卡，在【插图】命令组中单击【形状】下拉按钮，从弹出的下拉列表中选择【任意多边形】选项。

step 7 沿着图片的边缘绘制一个如下图所示的任意多边形。

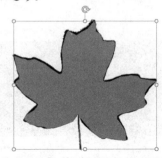

step 8 先选中页面中的图形，再选中页面中的任意多边形，然后选择【绘图工具】|【格式】选项卡，单击【插入形状】命令组中的【合并形状】下拉按钮，在弹出的下拉列表中选择【剪除】选项，得到下图所示的图片。

step⑨ 在【设置图片格式】窗格中选中【纯色填充】单选按钮，将图片的背景颜色设置为"白色"。

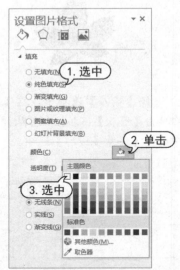

step⑩ 选择【插入】选项卡，单击【图像】命令组中的【图片】按钮，在页面中插入一个用作背景图像的图片。

step⑪ 右击页面中插入的图片，在弹出的快捷菜单中选择【置于底层】|【置于底层】命令，将图片置于底层，即可得到下图所示的图片效果。

step⑫ 按下 Ctrl+A 组合键将页面中所有的图形对象同时选中，然后右击鼠标，在弹出的快捷菜单中选择【组合】|【组合】命令，将图形组合。

step⑬ 右击组合后的图形，在弹出的快捷菜单中选择【另存为图片】命令，打开【另存为图片】对话框，将图形保存为图片。

step⑭ 删除页面中的组合图形，单击【插入】选项卡中的【图片】按钮，将步骤 13 保存的图片插入 PPT 中。

step⑮ 选择【格式】选项卡，单击【大小】命令组中的【裁剪】按钮，对页面中的图片执行裁剪操作。

step⑯ 完成以上操作后，单击页面中的空白位置即可。

第9章

PPT 优化设置

　　PowerPoint 是一款功能强大的 PPT 制作软件，在该软件中用户除了可以对 PPT 的结构和页面进行设计与排版外，还可以通过使用声音、插入视频、设置控件与超链接来优化 PPT 的功能，使其最终的演示效果更加出彩。

 本章对应视频

9.1 在 PPT 中使用声音

声音是比较常用的媒体形式。在一些特殊环境下，为 PPT 插入声音可以很好地烘托演示氛围，例如，在喜庆的婚礼 PPT 中加入背景音乐，在演讲 PPT 中插入一段独白，或者为一个精彩的 PPT 动画效果添加配音。

9.1.1 在 PPT 中插入声音的方法

使用 PowerPoint 在 PPT 中插入声音效果的方法有以下 4 种。

1. 直接插入音频文件

选择【插入】选项卡，在【媒体】命令组中单击【音频】下拉按钮，在弹出的下拉列表中选择【PC 上的音频】选项。

打开【插入音频】对话框，用户可以将电脑中保存的音频文件插入 PPT 中。

声音被插入 PPT 后，将显示为下图所示的声音图标，选中该图标将显示声音播放栏。

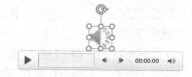

2. 为动画设置声音

在【动画】选项卡的【高级动画】命令组中单击【动画窗格】按钮。

打开【动画窗格】窗格，单击需要设置声音的动画右侧的倒三角按钮，在弹出的下拉列表中选择【效果选项】选项。

在打开的对话框中选择【效果】选项卡，单击【声音】下拉列表，在弹出的列表中选择【其他声音】选项，即可为 PPT 中的对象动画设置声音效果。

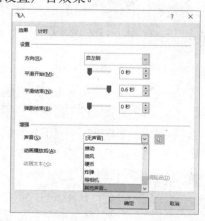

3. 为 PPT 切换动画设置声音

选择【切换】选项卡，在【切换到此幻灯片】命令组中为当前幻灯片设置一种切换动画后，在【计时】命令组中单击【声音】下拉列表，在弹出的列表中选择【其他声音】选项，可以将电脑中保存的音频文件设置为幻灯片切换时的动画声音。

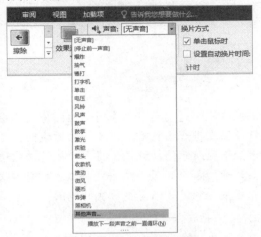

4. 录制 PPT 演示时插入旁白

选择【幻灯片放映】选项卡，在【设置】命令组中单击【录制幻灯片演示】按钮。

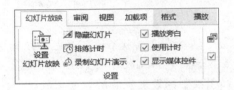

打开【录制幻灯片演示】对话框，选中【旁白、墨迹和激光笔】复选框后，单击【开始录制】按钮。此时，幻灯片进入全屏放映状态，用户可以通过话筒录制幻灯片演示旁白语音，按下 Esc 键结束录制，PowerPoint将在每张幻灯片的右下角添加语音。

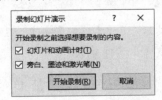

9.1.2　设置隐藏声音图标

在PPT页面中插入电脑中保存的音频文件后，将在幻灯片中插入声音图标。

声音图标在PPT放映时将会显示在页面中，如果用户想要将其隐藏，可以在选中图标后，选择【播放】选项卡，然后选中【音频选项】命令组中的【放映时隐藏】复选框。

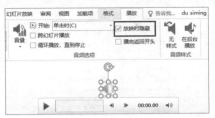

9.1.3　设置声音循环播放

在 PowerPoint 的默认设置中，PPT 页面中插入的声音在播放一遍后将自动停止。如果用户要使声音能够在 PPT 中循环播放，可以在选中页面中的声音图标后，选择【播放】选项卡，选中【音频选项】命令组中的【循环播放，直到停止】复选框。

9.1.4　设置音乐在多页面连续播放

在 PPT 中插入一个音频文件后，在【动画】选项卡的【高级动画】命令组中单击【动画窗格】按钮，打开【动画窗格】窗格，双击幻灯片中的音频。

打开【播放音频】对话框，在【停止播放】选项区域中选中【在】单选按钮，并在该按钮后的编辑框中输入音频文件在第几张

幻灯片后停止播放，单击【确定】按钮。

此时，按下 F5 键放映 PPT，其中的声音将一直播放到上图所指定的幻灯片。

如果用户需要设置PPT中的背景音乐连续播放，可以在【播放音频】对话框中选择【计时】选项卡，单击【重复】下拉按钮，在弹出的下拉列表中选择【直到幻灯片末尾】选项即可。

9.1.5 剪裁声音

如果用户准备的声音素材文件中有一些杂音，可以将声音插入 PPT 后，通过剪裁声音的方法，将杂音去除。具体方法如下。

step 1 选中 PPT 中的声音图标后，选择【播放】选项卡，单击【编辑】命令组中的【剪裁音频】按钮。

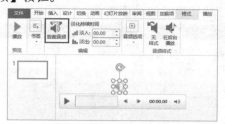

step 2 打开【剪裁音频】对话框，将鼠标指针放置在声音播放条上，按住左键拖动，显示如下图所示的播放柄，将声音播放柄拖动至声音的各个时段，单击【播放】按钮▶收听效果，确定音频需要剪裁的范围。

播放柄

step 3 拖动声音播放条左侧绿色的控制柄，设置声音的起始播放时间，拖动播放条右侧的红色控制柄设置声音的结束播放时间。

起始时间　　　　　结束时间

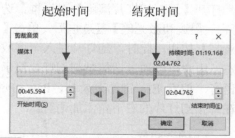

step 4 最后，单击【确定】按钮，即可对 PPT 中插入的声音进行剪裁。

9.1.6 淡化声音持续时间

为了防止 PPT 中的声音在播放的过程中出现突兀或过于生硬，用户可以在选中声音图标后，在【播放】选项卡的【编辑】命令组中，为声音设置淡入和淡出时间，在声音播放开始或结束的几秒内使用淡入淡出效果。

9.1.7 调整声音的音量

选中 PPT 中的声音图标后，在【播放】选项卡的【音频选项】命令组中，单击【音量】按钮旁的倒三角按钮，在弹出的列表中用户可以调整声音的音量，包括低、中、高、静音 4 种设置方式。

9.1.8 设置声音在单击时播放

用户也可以设置在 PPT 中单击声音图标时自动播放声音，具体方法如下。

step 1 选中 PPT 中的声音图标，将其拖动至页面中合适的位置上。

step 2 选择【播放】选项卡，在【音频选项】命令组中取消【播放时隐藏】复选框的选中状态。

step 3 单击【音频选项】命令组中的【开始】下拉按钮，从弹出的下拉列表中选择【单击时】选项。

9.2 在 PPT 中使用视频

在 PPT 中适当地使用视频，能够方便快捷地展示动态的内容。通过视频中流畅的演示，能够在 PPT 中实现化抽象为直观、化概括为具体、化理论为实例的效果。

9.2.1 将视频插入 PPT 中

选择【插入】选项卡，在【媒体】命令组中单击【视频】按钮下方的箭头，在弹出的下拉列表中选择【PC 上的视频】选项。

打开【插入视频文件】对话框，选中一个视频文件后，单击【插入】按钮，即可在 PPT 中插入一个视频。拖动视频四周的控制点，调整视频大小；将鼠标指针放置在视频上按住左键拖动，调整视频的位置，使其和

PPT 中的其他元素的位置相互协调。

选中 PPT 中的视频，在【视频工具】|【播放】选项卡中，可以设置视频的淡入、淡出效果，播放音量，是否全屏播放，是否循环播放以及开始播放的触发机制。

9.2.2 使用 PowerPoint 录屏

在 PowerPoint 2016 中，用户可以使用软件提供的"录屏"功能，录制屏幕中的操作，并将其插入 PPT 中，具体方法如下。

step 1 选择【插入】选项卡，在【媒体】命令组中单击【屏幕录制】按钮。

step 2 在显示的工具栏中单击【选择区域】按钮，然后在 PPT 中按住鼠标左键拖动，设定录屏区域。

step 3 单击上图所示工具栏中的【录制】按钮●，在录屏区域中执行录屏操作，完成后按下 Win+Shift+Q 组合键，即可在 PPT 中插入一段录屏视频。

step 4 调整录屏视频的大小和位置后，单击其下方控制栏中的▶按钮，即可开始播放录屏视频。

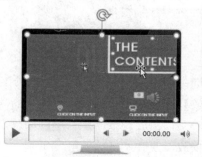

9.2.3 解决 PPT 视频和音频的冲突

当同一个幻灯片中插入了自动播放的背景音乐和视频后，用户可以参考下面介绍的方法，设置背景音乐暂停播放，当视频播放结束后，背景音乐继续播放而不是从头播放。

step 1 在幻灯片中设置背景音乐后，选择【插入】选项卡，在【文本】命令组中单击【对象】按钮，打开【插入对象】对话框，选中【Microsoft PowerPoint Presentation】选项，然后单击【确定】按钮。

step 2 在幻灯片中再插入一个嵌套演示文稿，将鼠标指针插入嵌套演示文稿中，选择【插入】选项卡，在【媒体】命令组中单击【视频】按钮，在弹出的列表中选择【PC 上的视频】选项，插入一个视频。

step 3 单击幻灯片空白处，按下 F5 键放映 PPT，在幻灯片中单击视频，背景音乐将暂停，播放视频，视频播放完毕后，背景音乐继续开始播放。

9.2.4 设置视频自动播放

如果用户想要让 PPT 中的视频在放映时自动播放，可以在选中视频后，选择【播放】选项卡，在【视频选项】命令组中单击【开始】下拉按钮，从弹出的下拉列表中选择【自动】选项。

9.2.5 设置视频全屏播放

如果用户希望PPT在播放到包含视频的幻灯片时全屏播放视频，可以在选中页面中的视频后，选择【播放】选项卡，在【视频选项】命令组中选中【全屏播放】复选框。

9.2.6 剪裁视频

如果用户仅仅需要在PPT中播放视频素材中的一个片段，可以参考以下方法，在PowerPoint中剪裁视频。

step 1 选中PPT中的视频后，选择【播放】选项卡，然后在【编辑】命令组中单击【剪裁视频】按钮。

step 2 打开【剪裁视频】对话框，将鼠标指针放置在视频播放条上，按住左键拖动，显示如下图所示的播放柄。将视频播放柄拖动至视频播放条的各个时段，确定视频需要剪裁的范围。

step 3 拖动视频播放条左侧绿色的控制柄，设置视频的起始播放时间；拖动播放条右侧的红色控制柄，设置视频的结束播放时间。

step 4 最后，单击【确定】按钮，即可对PPT中插入的视频进行剪裁。

9.2.7 设置标牌框架遮挡视频内容

在PPT中插入视频后，软件默认显示视频的第一帧画面。如果用户不希望观众在放映前就看到视频的相关内容，可以参考下面的方法，通过插入标牌框架对视频内容进行遮挡。

step 1 选中PPT中插入的视频，选择【格式】选项卡，在【调整】命令组中单击【标牌框架】下拉按钮，从弹出的下拉列表中选择【文件中的图像】选项。

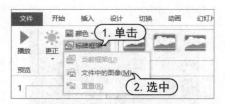

step② 打开【插入图片】对话框，单击【从文件】选项后的【浏览】按钮。

step③ 打开【插入图片】对话框，选择一个图像文件后单击【插入】按钮。

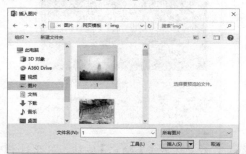

step④ 此时，PPT 中的视频将在未播放状态时，显示下图所示的标牌框架。

9.2.8 自定义视频播放窗口的形状

在 PowerPoint 中，用户可以根据 PPT 页

面版式的需要将视频播放窗口的形状设置为各种特殊形状，例如三角形、平行四边形或者圆形。具体设置方法如下。

step① 在 PPT 页面中插入视频后，选中页面中的视频。

step② 选择【格式】选项卡，在【视频样式】命令组中单击【视频形状】下拉按钮，从弹出的下拉列表中选择【三角形】形状。

step③ 此时，视频将被自定义为三角形，拖动其四周的控制柄，调整视频大小，然后将视频拖动至页面中合适的位置即可。

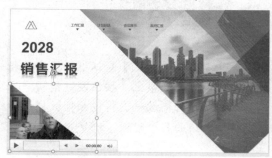

9.3　在 PPT 中使用 Flash 动画

在 PPT 中插入视频，虽然能为幻灯片带来更好的演示效果，但因为视频文件一般容量较大，所以也会导致 PPT 文件过大。此时，用户可以考虑使用 Flash 动画代替视频，来解决这个问题。

【例 9-1】在 PPT 中插入 Flash 动画。

▶ 视频+素材 (素材文件\第 09 章\例 9-1)

step 1　按下 Ctrl+N 组合键创建一个空白 PPT 文档，选择【文件】选项卡，在弹出的菜单中选择【选项】命令。

step 2　打开【PowerPoint 选项】对话框，在对话框左侧的列表中选中【自定义功能区】选项，在对话框右侧的列表框中选中【开发工具】选项前的复选框，然后单击【确定】按钮。

step 3　选择【开发工具】选项卡，在【控件】命令组中单击【其他控件】按钮。

step 4　打开【其他控件】对话框，选择 Shockwave Flash Object 选项，然后单击【确定】按钮。

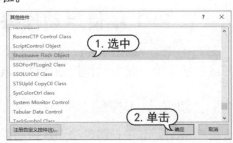

step 5　按住鼠标左键拖动，在当前页面中绘制一个区域，用于播放 Flash 动画。

step 6　在绘制的区域中右击鼠标，从弹出的快捷菜单中选择【属性表】命令。

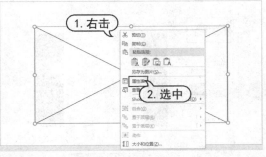

step 7　打开【属性】对话框，在 Movie 文本框中输入 Flash 动画文件保存在当前电脑中的路径。

step 8 此时，将在 PPT 中插入下图所示的动画，按下 F5 键预览幻灯片效果即可观看动画。

9.4 在 PPT 中使用动作按钮

在 PPT 中添加动作按钮，用户可以很方便地对幻灯片的播放进行控制。在一些有特殊要求的演示场景中，使用动作按钮能够使演示过程更加便捷。

9.4.1 创建动作按钮

在 PowerPoint 中，创建动作按钮与创建形状的命令是同一个。

【例 9-2】在 PPT 中通过添加动作按钮来控制幻灯片的播放。

🔘 视频+素材(素材文件\第 09 章\例 9-2)

step 1 打开 PPT 后选中合适的幻灯片页面，选择【插入】选项卡，在【插图】命令组中单击【形状】下拉按钮，从弹出的下拉列表中选择【动作按钮】栏中的一种动作按钮(例如"前进或下一项")。

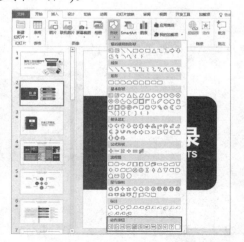

step 2 按住鼠标指针，在 PPT 页面中绘制一个大小合适的动作按钮。

step 3 打开【操作设置】对话框，单击【超链接到】下拉按钮，从弹出的下拉列表中选择一个动作(本例选择"下一张幻灯片"动作)，然后单击【确定】按钮。

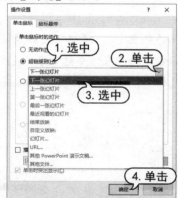

step 4 此时，将在页面中添加一个执行"前进或下一项"动作的按钮。

step 5 保持动作按钮的选中状态，选择【格式】选项卡，在【大小】命令组中记录该动作按钮的高度和宽度值。

step 6 重复步骤 1~3 的操作，再在页面中添加一个执行"后退或前一项"动作的按钮，并通过【格式】选项卡的【大小】命令组设置该动作按钮的高度和宽度，使其与上图的值保持一致。

step 7 按下 F5 键预览网页，单击页面中的【前进】按钮▶将跳过页面动画直接放映下一张幻灯片，单击【后退】按钮◀则会返回上一张幻灯片。

step 8 按住 Ctrl 键，同时选中【前进】和【后退】按钮，选择【格式】选项卡，单击【形状样式】命令组右侧的【其他】按钮▽，从弹出的列表中可以选择一种样式，将其应用于动作按钮之上。

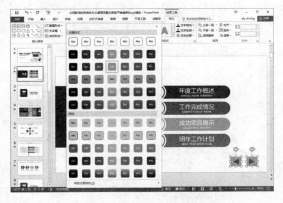

step 9 保持动作按钮的选中状态，按下 Ctrl+X 组合键将其"剪切"，选择【视图】选项卡，在【母版视图】命令组中单击【幻灯片母版】按钮，进入幻灯片母版视图，按下 Ctrl+V 组合键将剪切的动作按钮"粘贴"

至 PPT 母版的各个版式中。

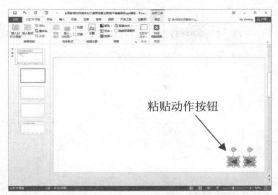

粘贴动作按钮

step 10 单击【幻灯片母版】选项卡右侧的【关闭母版视图】按钮，退出幻灯片母版视图，即可为 PPT 中所有应用母版版式的幻灯片都添加动作按钮。

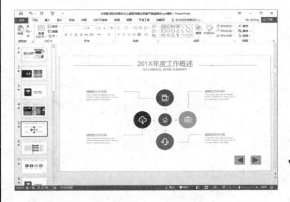

9.4.2　应用动作按钮

除了例 9-2 介绍的【前进】和【后退】功能以外，动作按钮还可以在幻灯片中实现例如"跳转到 PPT 第一页"◀、"跳转到 PPT 最后一页"▶、"打开最近一次观看的页面"◌、"播放影片"▭、"打开文档"▢等功能，下面将分别进行介绍。

1. 快速跳转到 PPT 第一页

选择【插入】选项卡，在【插图】命令组中单击【形状】下拉按钮，从弹出的下拉列表中选择【动作按钮：开始】选项◀，然后按住鼠标左键在 PPT 页面中拖动绘制按钮，释放鼠标左键后，在打开的【操作设置】对话框中单击【确定】按钮，即可绘制一个用于跳转至 PPT 第一页的动作按钮。

2. 快速跳转到 PPT 最后一页

选择【插入】选项卡，在【插图】命令组中单击【形状】下拉按钮，从弹出的下拉列表中选择【动作按钮：结束】选项 ▣，然后按住鼠标左键在 PPT 页面中拖动绘制按钮，释放鼠标左键后，在打开的【操作设置】对话框中单击【确定】按钮，即可绘制一个用于跳转至 PPT 最后一页的动作按钮。

3. 快速打开最近一次观看的页面

选择【插入】选项卡，在【插图】命令组中单击【形状】下拉按钮，从弹出的下拉列表中选择【动作按钮：上一张】选项 ◙，然后按住鼠标左键在 PPT 页面中拖动绘制按

钮，释放鼠标左键后，在打开的【操作设置】对话框中单击【确定】按钮，即可绘制一个用于跳转至上一张打开页面的动作按钮。

4. 打开信息

选择【插入】选项卡，在【插图】命令组中单击【形状】下拉按钮，从弹出的下拉列表中选择【动作按钮：信息】选项 ◙，然后按住鼠标左键在 PPT 页面中拖动，可以绘制如下图所示的"信息"按钮。

释放鼠标左键后，打开【操作设置】对话框，选中【超链接到】单选按钮，并单击该单选按钮下的下拉按钮，从弹出的下拉列表中选择【其他文件】选项。

打开【超链接到其他文件】对话框，选中一个 PPT 说明文档(.txt 格式的文件)，然后单击【确定】按钮。

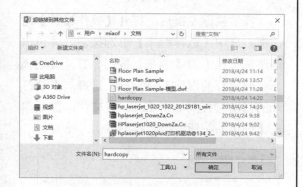

返回【操作设置】对话框，单击【确定】按钮，按下 F5 键放映 PPT，单击页面中的"信息"按钮，将打开指定的文档。

5. 播放视频

选择【插入】选项卡，在【插图】命令组中单击【形状】下拉按钮，从弹出的下拉列表中选择【动作按钮：影片】选项□，然后按住鼠标左键在 PPT 页面中拖动，可以绘制如下图所示的"视频"按钮。

释放鼠标左键后，打开【操作设置】对话框，选中【运行程序】单选按钮，并单击该单选按钮下的【浏览】按钮。

打开【选择一个要运行的程序】对话框，选择一个视频文件后单击【确定】按钮。

返回【操作设置】对话框，单击【确定】按钮，按下 F5 键放映 PPT，单击页面中的"视频"按钮，即可开始播放视频。

6. 播放声音

利用动作按钮在 PPT 中播放声音的方法与播放视频的方法类似。

选择【插入】选项卡，在【插图】命令组中单击【形状】下拉按钮，从弹出的下拉列表中选择【动作按钮：声音】选项图，然后按住鼠标左键在 PPT 页面中拖动，可以绘制如下图所示的"声音"按钮。

释放鼠标左键后，打开【操作设置】对话框，选中【运行程序】单选按钮，并单击该单选按钮下的【浏览】按钮。打开【选择一个要运行的程序】对话框，选择一个音频文件后单击【确定】按钮。

返回【操作设置】对话框，单击【确定】按钮，按下 F5 键放映 PPT，单击页面中的"声音"按钮，即可开始播放声音。

7. 打开帮助文档

选择【插入】选项卡，在【插图】命令组中单击【形状】下拉按钮，从弹出的下拉列表中选择【动作按钮：帮助】选项②，然后按住鼠标左键在 PPT 页面中拖动，可以绘制如下图所示的"帮助"按钮。

释放鼠标左键后，打开【操作设置】对话框，选中【运行程序】单选按钮，并单击该单选按钮下的【浏览】按钮。打开【选择一个要运行的程序】对话框，选择一个要打开的帮助文档(Word、Excel 等文件)，然后单击【确定】按钮。

返回【操作设置】对话框，单击【确定】按钮，按下 F5 键放映 PPT，单击页面中的"帮助"按钮，即可启动相应的程序并打开程序中的文档。

8. 打开自定义放映

选择【幻灯片放映】选项卡，单击【设置】命令组中的【自定义放映】下拉按钮，从弹出的下拉列表中选择【自定义放映】选项，可以打开如下图所示的【自定义放映】对话框。

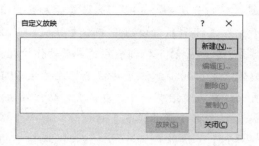

单击【自定义放映】对话框中的【新建】按钮,用户可以利用【定义自定义放映】对话框在当前PPT中设置一个自定义幻灯片播放片段,只播放 PPT 中指定的几个页面(选中页面前的复选框,然后单击【添加】和【确定】按钮即可)。

打开【自定义放映】对话框,选中需要放映的自定义放映名称"自定义放映 1",然后选中【放映后返回】复选框,单击【确定】按钮。

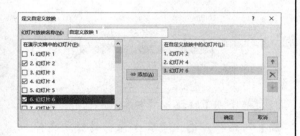

此时,当用户在页面中创建动作按钮时,就可以设置动作按钮执行设置的自定义放映。例如,选择【插入】选项卡,在【插图】命令组中单击【形状】下拉按钮,从弹出的下拉列表中选择【动作按钮:自定义】选项□,然后按住鼠标左键在 PPT 页面中拖动,可以绘制如下图所示的"自定义"动作按钮。

返回【操作设置】对话框,单击【确定】按钮即可在PPT页面中定义一个可以指定幻灯片页面的按钮,右击该按钮,在弹出的快捷菜单中选择【编辑文字】命令,在按钮上输入文本。

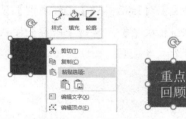

打开【操作设置】对话框,选中【超链接到】单选按钮,并单击该单选按钮下的下拉按钮,从弹出的下拉列表中选择【自定义放映:】选项。

按下 F5 键放映 PPT,单击页面中的动作按钮就自动播放指定的 PPT 页面,并且在播放结束后返回动作按钮所在的页面。

9. 跳转到指定幻灯片

动作按钮除了可以用于播放自定义放映外,还可以用于在 PPT 中跳转到指定的幻灯片页面，仍以上图所示的"重点回顾"自定义动作按钮为例，在创建该按钮时，如果在【操作设置】对话框中的【超链接到】下拉列表中选择【幻灯片...】选项，将打开下图所示的【超链接到幻灯片】对话框。

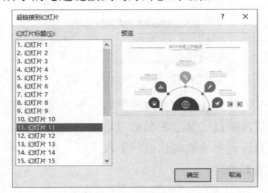

在【超链接到幻灯片】对话框中选中 PPT 中的某一张幻灯片，单击【确定】按钮，即可设置动作按钮被单击后立即放映指定的幻灯片，并从该幻灯片开始继续放映。

10. 放映其他 PPT

利用动作按钮，用户可以实现两个 PPT 之间相互切换放映的效果。

【例 9-3】利用动作按钮实现两个 PPT 之间相互切换放映的效果。

视频+素材(素材文件\第 09 章\例 9-3)

step 1 打开一个素材 PPT，按下 F12 键，打开【另存为】对话框，将【文件类型】设置为【PowerPoint 放映】，单击【保存】按钮将该 PPT 保存为放映文件。

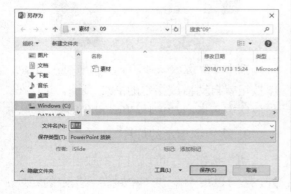

step 2 打开另一个 PPT，选择【插入】选项卡，在【插图】命令组中单击【形状】下拉按钮，从弹出的下拉列表中选择【动作按钮：自定义】选项□，然后按住鼠标左键在 PPT 页面中拖动，绘制一个"自定义"动作按钮。

step 3 打开【操作设置】对话框，选中【超链接到】单选按钮，并单击该单选按钮下的下拉按钮，从弹出的下拉列表中选择【其他 PowerPoint 演示文稿】选项。

step 4 打开【链接到其他 PowerPoint 演示文稿】对话框，选中步骤 1 保存的放映文件，单击【确定】按钮。

step 5 打开【超链接到幻灯片】对话框，选择链接到 PPT 放映文件的具体幻灯片页面，然后单击【确定】按钮。

step 6 返回【操作设置】对话框，单击【确定】按钮。

step 7 右击 PPT 中创建的自定义动作按钮，在弹出的快捷菜单中选择【编辑文字】命令，在按钮上输入文本。

step 8 按下 F5 键放映 PPT，单击页面中的自定义动作按钮，将切换到另外一个 PPT 放映中开始放映，该 PPT 放映结束后，按下 Esc 键将返回自定义动作按钮所在的页面。

9.4.3　修改动作按钮

在 PPT 中应用动作按钮后，如果用户需要对动作按钮所执行的动作进行修改，可以右击该按钮，在弹出的快捷菜单中选择【编辑超链接】命令。

此时，将重新打开【操作设置】对话框，在该对话框中用户可以对动作按钮的功能重新设定。

9.5　在 PPT 中使用超链接

在 PowerPoint 中，可以为幻灯片中的文本、图像等对象添加超链接或者动作。当放映幻灯片时，可以在添加了超链接的文本或动作的按钮上单击，程序将自动跳转到指定的页面，或者执行指定的程序。演示文稿不再是从头到尾地线性播放，而是具有一定的交互性，能够按照预先设定的方式，在适当的时候放映需要的内容，或做出相应的反应。

用户可以在各种页面中添加超链接

在上一节"在 PPT 中使用动作按钮"中，我们通过动作按钮，初步接触了超链接。下面将详细介绍超链接的概念，以及如何在 PPT 中添加、删除和编辑超链接的方法。

9.5.1　为页面元素添加超链接

超链接实际上是指向特定位置或文件的一种连接方式，用户可以利用它指定程序的跳转位置。超链接只有在幻灯片放映时才有

效。在 PowerPoint 中，超链接可以跳转到当前演示文稿中的特定幻灯片、其他演示文稿中特定的幻灯片、自定义放映、电子邮件地址、文件或 Web 页上。

在 PPT 中只有幻灯片页面中的对象才能添加超链接，备注、讲义等内容不能添加超链接。在幻灯片页面中可以显示的对象几乎都可以作为超链接的载体。添加或修改超链接的操作一般在普通视图中的幻灯片编辑窗

口中进行，而在幻灯片预览窗口的大纲选项卡中，只能对文字添加或修改超链接。

下面通过几个简单的实例，介绍在 PPT 幻灯片页面中添加超链接的方法。

1. 添加 PPT 内部链接

PPT 内部链接用于在放映 PPT 时，切换 PPT 的各个幻灯片页面。

step 1 打开 PPT 后，选中其中目录页中的文本"年度工作概述"，右击鼠标，在弹出的快捷菜单中选择【超链接】命令。

step 2 打开【插入超链接】对话框，选择【本文档中的位置】选项，在【请选择文档中的位置】列表框中选择【3. 幻灯片 3】选项，单击【屏幕提示】按钮。

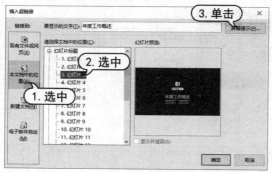

step 3 打开【设置超链接屏幕提示】对话框，在【屏幕提示文字】文本框中输入文本，单击【确定】按钮。

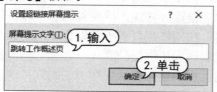

step 4 返回【插入超链接】对话框，单击【确定】按钮，此时页面中设置了超链接的文字将变为蓝色，且下方会出现横线。

step 5 按下 F5 键放映 PPT，将鼠标指针移动到设置超链接的文本上时，鼠标指针会变为手形，并弹出提示框，显示屏幕提示信息。

step 6 单击文本"年度工作概述"，PPT 将自动跳转到第 3 张幻灯片。

2. 添加文件或网页链接

文件或网页链接用于放映 PPT 时，打开一个现有的文件或网页。

step 1 打开 PPT 后，选中目录页中文本"工作完成情况"所在的文本框，选择【插入】选项卡，单击【链接】命令组中的【超链接】按钮。

step 2 打开【插入超链接】对话框，在【链接到】列表框中选择【现有文件或网页】选项，在【地址】栏中输入文件或网页在当前电脑中的路径，在【当前文件夹】列表中选中一个文件或网页，然后单击【确定】按钮。

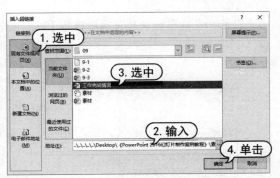

step 3 返回页面后，页面中将没有任何变化，但文本框对象上已经被设置了超链接。

① 年度工作概述
ANNUAL WORK SUMMARY

② 工作完成情况
COMPLETION OF WORK

③ 成功项目展示
SUCCESSFUL PROJECT

④ 明年工作计划
NEXT YEAR WORK PLAN

step 4 按下 F5 键预览网页，将鼠标指针放置在设置了文件或网页超链接的文本框上，将显示如下图所示的提示框，提示文件或网页的路径地址。

① 年度工作概述
ANNUAL WORK SUMMARY

② 工作完成情况
COMPLETION OF WORK

③ 成功项目展示
SUCCESSFUL PROJECT

④ 明年工作计划
NEXT YEAR WORK PLAN

step 5 单击鼠标，将打开指定的 PPT 页面或文件(图片、网页等)。

3. 添加新建 PPT 文档链接

新建文档链接用于在放映 PPT 时创建一个新的 PPT 文档。

step 1 选中 PPT 中的一个形状后，右击鼠标，在弹出的下拉菜单中选择【超链接】命令。

step 2 打开【插入超链接】对话框，在【链接到】列表框中选择【新建文档】选项，在【新建文档名称】文本框中输入新建文档的

名称，然后单击【确定】按钮。

step 3 按下 F5 键放映 PPT，单击设置了超链接的形状。

单击形状

step 4 此时，PowerPoint 将在路径 C:\Users\miaof\AppData\Local\Temp\360zip$Temp\360$1 中创建一个效果如下图所示的空白 PPT 文档。

4. 添加电子邮件链接

电子邮件链接常用于"阅读型"PPT，观众可以通过单击设置了链接的形状、图片、文本或文本框等元素，向指定的邮箱发送电子邮件。

step 1 选中 PPT 中的图片后，右击鼠标，在弹出的快捷菜单中选择【超链接】命令。

step 2 打开【插入超链接】对话框，在【链接到】列表框中选择【电子邮件地址】选项，在【电子邮件地址】文本框中输入收件人的邮箱地址，在【主题】文本框中输入邮件主题，然后单击【确定】按钮。

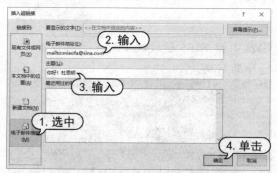

step 3 按下 F5 键播放 PPT，单击页面中设置了超链接的图片。

step 4 将打开邮件编写软件，自动填入邮件的收件人地址和主题，用户撰写邮件内容后，单击【发送】按钮即可向 PPT 中设置的收件人邮箱发送电子邮件。

9.5.2 编辑超链接

用户在幻灯片中添加超链接后，如果对超链接的效果不满意，可以对其进行编辑与修改，让链接更加完整和美观。

1. 更改超链接

在 PowerPoint 中，用户可以通过【编辑超链接】对话框对 PPT 中的超链接进行更改，该对话框和【插入超链接】对话框的选项和功能是完全相同的。

打开【编辑超链接】对话框的方法如下。

step 1 选中 PPT 中设置了超链接的对象后，右击鼠标，在弹出的快捷菜单中选择【编辑超链接】命令。

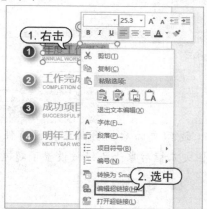

step 2 打开【编辑超链接】对话框，用户可以根据 PPT 的设计需求，更改超链接的类型或链接地址。完成设置后，单击【确定】按钮即可。

2. 设置文本超链接的颜色

用户可以在 PowerPoint 的母版视图中，为超链接设置颜色，具体方法如下。

step 1 选择【视图】选项卡，单击【母版视图】命令组中的【幻灯片母版】按钮。

step 2 进入幻灯片母版视图，选择【幻灯片母版】选项卡，在【背景】命令组中单击【颜色】下拉按钮，在弹出的下拉列表中选择【自定义颜色】选项。

step③ 打开【新建主题颜色】对话框，单击【超链接】和【已访问的超链接】按钮，设置超链接和已访问的超链接的颜色，在【名称】文本框中输入"更改超链接颜色"，然后单击【保存】按钮。

step④ 在【背景】命令组中单击【颜色】按钮，在弹出的下拉列表中选择【更改超链接颜色】选项。

step⑤ 单击【幻灯片母版】选项卡中的【关闭母版视图】按钮，关闭母版视图，PPT 中所有设置了超链接的文本颜色都将发生变化。

9.5.3 删除超链接

在 PowerPoint 中，用户可以使用以下两种方法删除幻灯片中添加的超链接。

▶ 选择幻灯片中添加了超链接的对象，打开【插入】选项卡，在【链接】命令组中单击【超链接】按钮，然后在打开的【编辑超链接】对话框中单击【删除链接】按钮。

▶ 右击幻灯片中的超链接，在弹出的快捷菜单中选择【取消超链接】命令。

9.6 设置页眉和页脚

一般情况下，普通 PPT 不需要设置页眉和页脚。如果我们要做一份专业的 PPT 演示报告，在制作完成后还需要将 PPT 输出为 PDF 文件，或者要将 PPT 打印出来，那么就有必要在 PPT 中设置页眉和页脚了。

1. 为 PPT 设置日期和时间

在 PowerPoint 中，选择【插入】选项卡，在【文本】命令组中单击【页眉和页脚】按钮，打开下图所示的【页眉和页脚】对话框。选中

【日期和时间】复选框和【自动更新】单选按钮，然后单击【自动更新】单选按钮下的下拉按钮，从弹出的下拉列表中，用户可以选择PPT页面中显示的日期和时间格式。

单击【全部应用】按钮，可以将设置的日期与时间应用到PPT的所有幻灯片中，效果如下图所示。

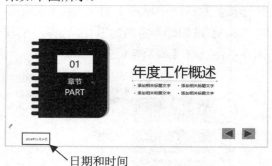

日期和时间

如果仅需要为当前选中的幻灯片页面设置日期和时间，在【页眉和页脚】对话框中单击【应用】按钮即可。

如果需要为PPT设置一个固定的日期和时间，可以在【页眉和页脚】对话框中选中【固定】单选按钮，然后在其下的文本框中输入需要添加的日期和时间即可。

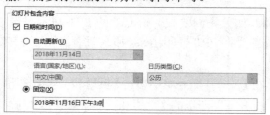

2. 为PPT设置编号

单击【插入】选项卡中的【页面和页脚】按钮后，在打开的【页眉和页脚】对话框中选中【幻灯片编号】复选框，然后单击【全部应用】按钮，即可为PPT中的所有幻灯片设置编号。

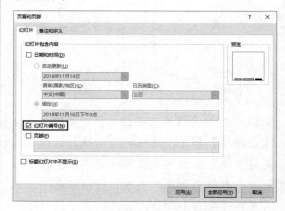

编号一般显示在幻灯片页面的右下角。

编号

一般情况下，PPT中作为标题的幻灯片不需要设置编号，用户可以通过在【页眉和页脚】对话框中选中【标题幻灯片不显示】复选框，在标题版式的幻灯片中不显示编号。

3. 为PPT设置页脚

在【插入】选项卡的【文本】命令组中单击【页眉和页脚】按钮，打开【页眉和页脚】对话框，选中【页脚】复选框后，在其下的文本框中可以为PPT页面设置页脚文本，如下图所示。

单击【全部应用】按钮，将设置的页脚文本应用于 PPT 的所有页面之后，用户还需要选择【视图】选项卡，在【母版视图】中单击【幻灯片母版】按钮，进入幻灯片母版视图，确认页脚部分的占位符在每个版式中都能正确显示。

页脚部分的 3 个占位符

此外，用户还可以调整占位符的位置，设置占位符的格式和颜色，设置页脚部分的页码、时间和日期的文本格式，从而美化页面效果。

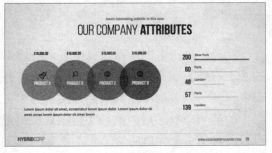

4. 为 PPT 设置页眉

在 PowerPoint 中，用户可以在备注和讲义母版中为 PPT 设置页眉。选择【插入】选项卡，并单击【页眉和页脚】按钮后，在打开的对话框中选择【备注和讲义】选项卡，选中【页眉】复选框，即可在其下的文本框中输入页眉的文本内容，如下图所示。

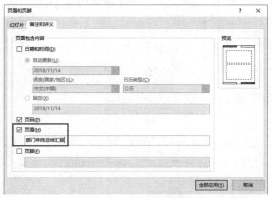

单击【全部应用】按钮关闭【页眉和页脚】对话框后，选择【视图】选项卡，单击【讲义母版】或【备注母版】按钮，即可在显示的母版视图中对 PPT 的页眉效果进行设置，例如调整文本字体、颜色、大小，或者调整占位符的位置等。

5. 解决 PPT 页眉和页脚错乱的问题

如果 PPT 中的页眉、页脚、页码、日期和时间位置被其他用户调整过，发生了格式或位置错误，可以在打开【页眉和页脚】对话框后，先取消页眉、页脚、页码等复选框的选中状态，单击【全部应用】按钮。然后再次将这些选项重新选中，并单击【全部应用】按钮(相当于"刷新"页面操作)，使页眉、页脚等设置恢复为默认设置。

9.7 设置批注

有时，我们在制作 PPT 的过程中需要针对页面中的内容或设计效果与他人进行沟通，并听取他人的意见。此时，就可以在 PPT 中设置批注，通过批注给下一个编辑者留言，得到其对内容与设计的看法。

在 PowerPoint 中，选择【审阅】选项卡，然后单击【批注】命令组中的【新建批注】按钮，即可在当前幻灯片页面中插入一个批注。

将鼠标指针放置在页面中的批注上，按住鼠标左键拖动，可以拖动批注框在页面中的位置。

单击【批注】命令组中的【显示批注】下拉按钮，从弹出的下拉列表中选择【批注窗格】选项，可以显示【批注】窗格，在该窗格中用户可以在批注中输入内容。

此后，将 PPT 发送给他人进行浏览、修改时，他人就可以通过批注阅读到用户在PPT 中留下的信息，并能通过【批注】窗格对信息进行回复。

用户还可以在【批注】窗格中单击【新建】按钮，在页面中添加新的批注，用于对页面中各个部分的内容或设计进行注解。

虽然批注不会在 PPT 放映时显示，但如果要在 PPT 的编辑视图中隐藏页面中的批注，可以通过单击【批注】命令组中的【显示批注】下拉按钮，从弹出的下拉列表中取消【显示标记】选项的选中状态来实现。

此外，单击上图所示【批注】命令组中的【上一条】或【下一条】按钮，可以在页面中设置的多条批注之间来回切换。选中页面中的某一个批注后，单击【删除】按钮则可以将其从页面中删除。

9.8　设置隐藏幻灯片

在 PPT 制作完成后，如果在某些特殊的场合下有一些页面不方便向观众展示，但又不能擅自将其删除，就可以通过设置隐藏幻灯片对 PPT 进行处理。

在 PowerPoint 中，用户可以通过在幻灯片预览窗格中右击幻灯片预览，从弹出的快捷菜单中选择【隐藏幻灯片】命令，将选中的幻灯片隐藏。

被隐藏的幻灯片不会在放映时显示，但会出现在 PowerPoint 的编辑界面中。在幻灯片预览窗格中，隐藏状态中幻灯片的预览编号上将显示如下图所示的 "\" 符号。

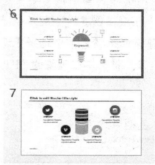

如果要取消幻灯片的隐藏状态，只需要在幻灯片预览窗格中右击该幻灯片，从弹出的快捷菜单中再次选择【隐藏幻灯片】命令即可。

9.9　案例演练

本章介绍了使用声音、视频、Flash 动画、动作按钮、超链接，并设置页眉/页脚、批注以及隐藏幻灯片优化 PPT 功能与效果的具体方法。下面的案例演练部分将通过实例介绍一些使用 PowerPoint 制作 PPT 时可以提高工作效率的技巧，帮助用户进一步掌握 PowerPoint 的操作方法。

【例 9-4】快速分离 PPT 中的文本框。 📹视频

step 1 当我们拿到一份全是大段文案的 PPT 时，要想设计美观的页面排版，一般情况下，首先要做的就是将大段的文案分成多个文本框再进行排版美化。

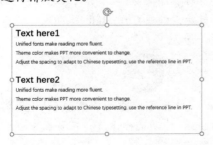

step 2 如果要将文本框中的段落从文本框中单独分离，可以在将其选中后，按住鼠标左键拖出文本框外。

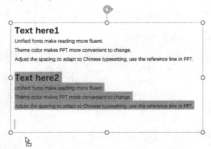

step 3 此时，被拖出文本框的文本将自动套用文本框形成一个独立的段落。

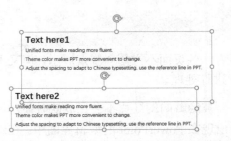

step 1 在 PPT 中，当我们需要大量使用一种文本框时，可以在创建一个文本框后，右击其边框，在弹出的快捷菜单中选择【设置为默认文本框】命令，将文本框设置为 PPT 中的默认文本框。

step 2 此后，在 PPT 的所有页面中插入的文本框将自动套用该文本框的格式。

【例9-6】快速替换 PPT 中的所有字体。 视频

step 1 当 PPT 制作完成后，如果客户或领导对其中的字体不满意，要求更换。用户可以选择【开始】选项卡，在【编辑】命令组中单击【替换】下拉按钮，从弹出的下拉列表中选择【替换字体】选项。

step 2 打开【替换字体】对话框，设置【替换】和【替换为】选项中的字体后，单击【替换】按钮即可。

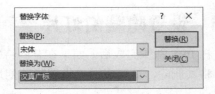

【例9-7】快速放大或缩小页面。 视频

step 1 在 PowerPoint 中，按住 Ctrl 键的同时，拨动鼠标滚轮向上滚动，可以放大当前页面。

step 2 反之，按住 Ctrl 键的同时向下拨动鼠标滚轮，则可以缩小页面。

【例9-8】使用 F4 键重复执行相同的操作。 视频

step 1 在 PowerPoint 中，我们可以利用 F4 键重复执行相同的操作。例如，在页面中插入一个图标后，按住 Ctrl+Shift 拖动鼠标将该图标复制一份。

step 2 按下 F4 键可以在页面中重复执行 Ctrl+Shift 拖动鼠标操作，在页面中创建出等距复制的图标。

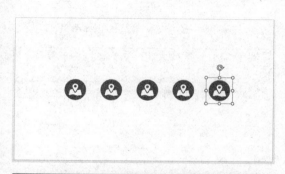

【例9-9】快速清空当前页面中的版式。 视频

step 1　在新建 PPT 文档或套用模板时，软件总会打开一个默认的版式，例如下图所示。

step 2　如果用户要快速清除页面中的版式，使页面变成空白状态，可以选择【开始】选项卡，单击【幻灯片】组中的【版式】下拉按钮，从弹出的列表中选择【空白】选项。

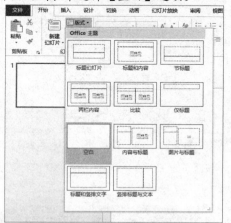

step 3　此后，PPT 中当前幻灯片的效果将如下图所示。

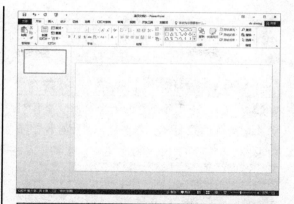

【例9-10】对齐页面中的中文与英文。 视频

step 1　在对 PPT 的页面进行排版时，经常会遇到下图所示的情况，即上面一排是中文，下面一排是英文。对于这种情况，需要将英文与中文对齐。

新年工作计划PPT
NEW EMPLOYEE ORIENTATION PPT

step 2　按住 Ctrl 键，同时选中英文和中文所在的两个文本框，在【开始】选项卡的【段落】命令组中单击【两端对齐】按钮。

新年工作计划PPT
NEW EMPLOYEE ORIENTATION PPT

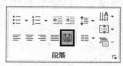

step 3　单独拖动英文所在文本框的边框，使其与中文所在的文本框对齐。

新年工作计划PPT
NEW EMPLOYEE ORIENTATION PPT

step 4　释放鼠标后，即可得到效果如下图所示的英文与中文对齐的两个文本框。

新年工作计划PPT
NEW EMPLOYEE ORIENTATION PPT

【例9-11】 快速将对象置于顶层或底层。🔘视频

step 1 选中 PPT 页面中的某个对象，若该对象上还存在其他对象，右击鼠标，然后按下两次 R 键，即可将选中的对象置于图层的顶层。

step 2 右击对象后，按下两次 K 键，则可以将对象置于图层的底层。

【例9-12】 在文本框中快速输入假字。🔘视频

step 1 在设计 PPT 模板时，需要用到下图所示的假字，假字在页面中既可以起到美化装饰的作用，又可以提示用户输入文字的位置。

> Lorem ipsum dolor sit amet, consectetuer adipiscing elit. Maecenas porttitor congue massa. Fusce posuere, magna sed pulvinar ultricies, purus lectus malesuada libero, sit amet commodo magna eros quis urna.
>
> Nunc viverra imperdiet enim. Fusce est. Vivamus a tellus.
>
> Pellentesque habitant morbi tristique senectus et netus et malesuada fames ac turpis egestas. Proin pharetra nonummy pede. Mauris et orci.

step 2 在文本框中输入 "=lorem()" 后，按下

Enter 键即可快速输入一段上图所示的假字。

【例 9-13】 快速放大、缩小文本框中的文字。🔘视频

step 1 选中 PPT 页面中下图所示的文本框。

> ✓请替换文字内容，修改文字内容，也可以直接复制你的内容到此
> ✓请替换文字内容，修改文字内容，也可以直接复制你的内容到此。
> ✓请替换文字内容，修改文字内容，也可以直接复制你的内容到此。

step 2 按下 Ctrl+Shift+>组合键，将放大文本框中的文本。

> ✓请替换文字内容，修改文字内容，也可以直接复制你的内容到此。
> ✓请替换文字内容，修改文字内容，也可以直接复制你的内容到此。
> ✓请替换文字内容，修改文字内容，也可以直接复制你的内容到此。

step 3 按下 Ctrl+Shift+<组合键，将缩小文本框中的文本。

> ✓请替换文字内容，修改文字内容，也可以直接复制你的内容到此。
> ✓请替换文字内容，修改文字内容，也可以直接复制你的内容到此。
> ✓请替换文字内容，修改文字内容，也可以直接复制你的内容到此。

【例 9-14】 快速修改文本框中英文的大小写。🔘视频

step 1 选中文本框后，按下 Shift+F3 组合键。

> NEW EMPLOYEE ORIENTATION PPT

step 2 可以设置文本框中英文字体在大写和小写之间切换。

> new employee orientation ppt

【例 9-15】 快速加粗文本。🔘视频

step 1 选中一个文本框或包含文本的对象后，按下 Ctrl+B 组合键。

step 2 被选中对象内容的文本将自动应用加粗效果。

step 3 再次按下 Ctrl+B 组合键则可以取消文本加粗效果。

【例 9-16】还原变形失真的图片。 ⊙ 视频

step 1 当 PPT 中的图片因为变形而出现失真现象时，用户可以在选中图片后，选择【格式】选项卡，单击【大小】命令组中的【裁剪】下拉按钮，从弹出的下拉菜单中选择【填充】选项。

step 2 调整一个裁剪区域后，按下 Enter 键，即可将失真的图片恢复(既恢复了图片效果，又得到了大小合适的图片)。

【例 9-17】对 PPT 分节。 ⊙ 视频

step 1 在演讲时，根据不同的主题内容对 PPT 进行分节，可以让演讲者清晰地知道所要讲的内容。打开 PPT 后，在幻灯片预览窗格中的两张幻灯片预览之间右击鼠标，从弹出的快捷菜单中选择【新增节】命令。

step 2 此时，将在 PPT 中新增一个无标题的节，右击该节的名称，在弹出的快捷菜单中选择【重命名节】命令。

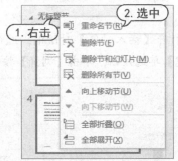

step 3 打开【重命名节】对话框，在【节名称】文本框中输入节名称，然后单击【重命名】按钮即可命名创建的节。

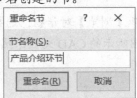

step 4 重复以上操作，可以在 PPT 中创建更多的节。单击节前的三角按钮，可以将整节内容折叠。

step 5 再次单击三角按钮，可以将折叠的节展开。

step 6 如果要删除 PPT 中创建的节，在幻灯片预览窗格中右击节名称，在弹出的快捷菜单中选择【删除节】命令即可。

【例9-18】在 PPT 中插入其他类型的文件。 🎬 视频

step 1 在 PowerPoint 中用户可以为 PPT 插入各种其他类型的文件(例如 CAD 制图文件、Photoshop 文件、Excel 表格等)。选择【插入】选项卡，在【文本】命令组中单击【对象】按钮。

step 2 打开【插入对象】对话框，选中【由文件创建】单选按钮，单击【浏览】按钮。

step 3 打开【浏览】对话框，选择一个外部文件(如下图所示的 CAD 文件)，然后单击【确定】按钮。

step 4 稍等片刻后，将在 PPT 中插入相应的文件，如下图所示。

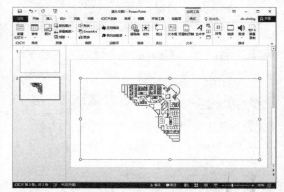

step 5 如果电脑中安装了此类文件的编辑软件(例如 AutoCAD)，双击 PPT 中插入的文件，还可以启动编辑软件，对文件进行编辑。

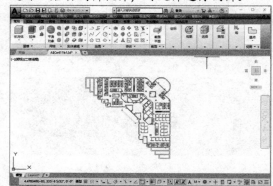

第 10 章

PPT 放映输出

　　在完成 PPT 的设计、排版与相关的设置后，就可以在演讲中使用 PPT 来与观众进行沟通了。此外，利用 PowerPoint 软件的各种输出功能，用户还可以将 PPT 输出为各种文件形式，或通过打印机打印成纸质文稿。

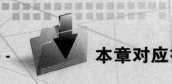 **本章对应视频**

10.1 使用快捷键放映 PPT

在放映 PPT 时使用快捷键，是每个演讲者必须掌握的最基础的入门知识。虽然在 PowerPoint 中用户可以通过单击【幻灯片放映】选项卡中的【从头开始】与【从当前幻灯片开始】按钮，或单击软件窗口右下角的【幻灯片放映】图标来放映 PPT，但在正式的演讲场合中难免会手忙脚乱，不如使用快捷键迅速且高效。

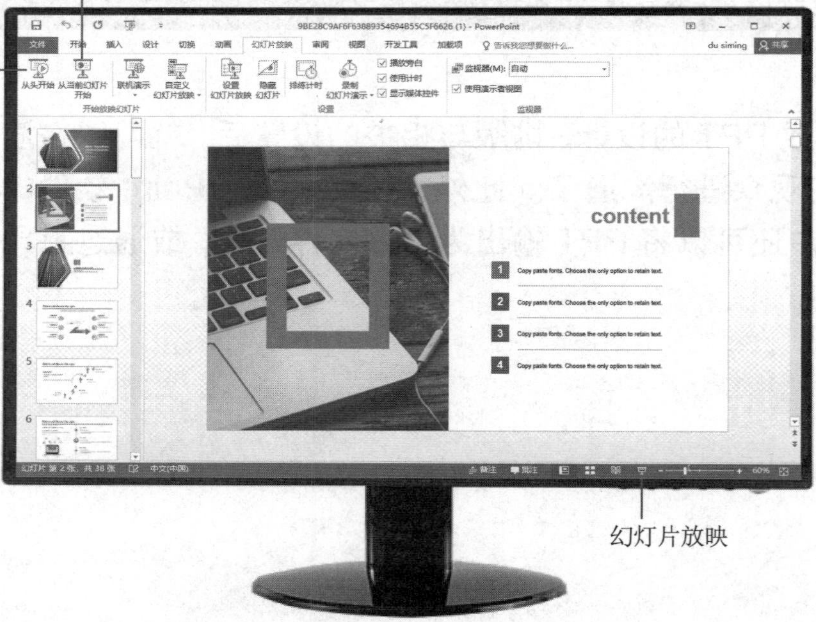

在任何版本的 PowerPoint 中快捷键都是通用的

1. 按 F5 键从头放映 PPT

使用 PowerPoint 打开 PPT 文档后，用户只要按下 F5 键，即可快速将 PPT 从头开始播放。但需要注意的是：在笔记本型电脑中，功能键 F1~F12 往往与其他功能绑定在一起，例如在 Surface 的键盘上，F5 键就与电脑的“音量减小”功能绑定。

此时，只有在按下 F5 键的同时再多按一个 Fn 键(一般在键盘底部的左侧)，才算是按下了 F5 键，PPT 才会开始放映。

2. 按 Ctrl+P 组合键暂停放映并激活激光笔

在 PPT 的放映过程中，按下 Ctrl+P 组合键，将立即暂停当前正在播放的 PPT，并激活 PowerPoint 的“激光笔”功能，应用该功能用户可以在幻灯片放映页面中对内容进行涂抹或圈示。

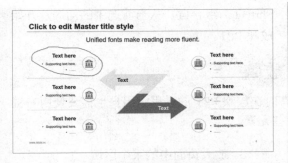

3. 按 E 键取消激光笔涂抹的内容

当用户在 PPT 中使用激光笔涂抹了线条后，按下 E 键可以将线条快速删除。

4. 按 W 键进入空白页状态

在演讲过程中，如果临时需要和观众就某一个论点或内容进行讨论，可以按下 W 键进入 PPT 空白页状态。

如果用户先按下 Ctrl+P 组合键激活激光笔，再按下 W 键进入空白页状态，在空白页中，用户可以在投影屏幕中通过涂抹画面对演讲内容进行说明。

$$A + B = 12$$
$$A + 7 = 10$$

如果要退出空白页状态，按下键盘上的任意键即可。在空白页上涂抹的内容将不会留在 PPT 中。

5. 按 B 键进入黑屏页状态

在放映 PPT 时，有时需要观众自行讨论演讲的内容。此时，为了避免 PPT 中显示的内容对观众产生影响，用户可以按下 B 键，使 PPT 进入黑屏模式。当观众讨论结束后，再次按下 B 键即可恢复播放。

6. 指定播放 PPT 的特定页面

在 PPT 正在放映的过程中，如果用户需要马上指定从 PPT 的某一张幻灯片(例如第 5 张)开始放映，可以按下该张幻灯片的数字键+Enter 键(例如 5+Enter 键)。

7. 隐藏与显示鼠标指针

在放映 PPT 时，如果在特定环境下需要用户隐藏鼠标的指针，可以按下 Ctrl+H 组合键，如果要重新显示鼠标指针，按下 Ctrl+A 组合键即可。

8. 快速返回 PPT 的第一张幻灯片

在 PPT 放映的过程中，如果用户需要使放映页面快速返回第一张幻灯片，只需要同时按住鼠标的左键和右键两秒钟左右即可。

9. 暂停或重新开始 PPT 自动放映

在 PPT 放映时，如果用户要暂停放映或重新恢复幻灯片的自动放映，按下 S 键或【+】键即可。

10. 快速停止 PPT 放映

在 PPT 放映时，按下 Esc 键将立即停止放映，并在 PowerPoint 中选中当前正在放映的幻灯片。

11. 停止 PPT 放映并显示幻灯片列表

在放映 PPT 时，按下【-】键将立即停止放映，并在 PowerPoint 中显示如下图所示的幻灯片列表。

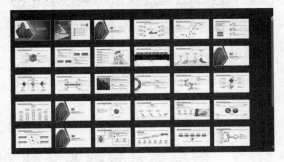

单击幻灯片列表中的某张幻灯片，PowerPoint 将快速切换到该幻灯片页面中。

12. 从当前选中的幻灯片开始放映

在 PowerPoint 中，用户可以通过按下 Shift+F5 组合键，从当前选中的幻灯片开始放映 PPT。

10.2 使用右键菜单控制 PPT 放映

虽然通过快捷键可以快速地放映 PPT，但有时在放映 PPT 的过程中用户也需要使用右键菜单来控制 PPT 的放映进程或放大页面中的某些元素。

1. 查看【上一张】或【下一张】幻灯片

在放映 PPT 的过程中，右击幻灯片，在弹出的快捷菜单中选择【上一张】或【下一张】命令，可以跳过动画直接放映当前幻灯片的上一张或下一张幻灯片。

2. 放映指定幻灯片页面

在放映幻灯片时，如果用户想让 PPT 从某一张幻灯片开始播放，可以在幻灯片上右击鼠标，从弹出的快捷菜单中选择【查看所有幻灯片】命令，显示下图所示的幻灯片列表。

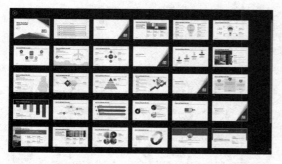

选中幻灯片列表中的幻灯片，即可使 PPT 从指定的幻灯片开始播放。

3. 放大页面中的某个区域

如果用户需要在 PPT 放映时，将页面中的某个区域放大显示在投影设备上，可以右击幻灯片页面，在弹出的快捷菜单中选择【放大】命令，然后将鼠标移动至需要放大的页面位置，单击即可。

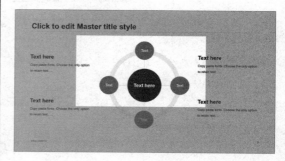

4. 设置放映 PPT 时隐藏鼠标指针

在放映 PPT 时，右击鼠标，从弹出的快捷菜单中选择【指针选项】|【箭头选项】|【永远隐藏】命令，可以设置在 PPT 放映时隐藏鼠标指针。

10.3 使用演示者视图放映 PPT

简单而言，所谓"演示者视图"就是在 PPT 放映时设置演讲者在 PowerPoint 中看到一个与观众不同画面的视图。当观众通过投影屏幕观看 PPT 时，演讲者可以利用演示者视图，在自己的电脑屏幕一端使用备注、幻灯片缩略图、荧光笔、计时等功能进行演讲。

观众看到的 PPT

当前放映幻灯片　　　　预览

备注

演讲者看到的 PPT 演示者视图

在 PowerPoint 中，用户可以参考以下方法，启用并设置演示者视图。

step 1　打开 PPT 后，选择【幻灯片放映】选项卡，在【监视器】命令组中选中【使用演示者视图】复选框。

step 2　按下 F5 键放映幻灯片，然后在页面中右击鼠标，从弹出的快捷菜单中选择【显示演示者视图】命令，即可进入演示者视图。

step 3　此时，如果电脑连接到了投影设备，"演示者视图"模式将生效。

step 4　此时，视图左侧将显示下图所示的当前幻灯片预览，界面左上角显示当前 PPT 的放映时间。

PPT 的放映时间

step 5　视图左下角显示了一排控制按钮，分别用于显示荧光笔、查看所有幻灯片、放大幻灯片、变黑或还原幻灯片，单击⊙按钮，在弹出的菜单中，还可以设置对幻灯片执行【上次查看过的】【自定义放映】【隐藏演示者视图】【屏幕】【帮助】【暂停】和【结束放映】等命令。

step 6 单击上图所示视图底部的【返回上一张幻灯片】按钮◀或【切换到下一张幻灯片】按钮▶，用户可以控制设备上 PPT 的播放(此外，在演示者视图中单击，PPT 将自动进行换片)。

step 7 在演示者视图的右侧是幻灯片的预览视图和备注内容，将鼠标指针放置在演示者视图左右两个区域的中线上，按住左键拖动，可以调整演示者视图左右两个区域的大小。

step 8 完成幻灯片的播放后，按下 Esc 键即

可退出演示者视图状态。

在使用演示者视图时，用户应了解以下几点。

▷ 在 PowerPoint 中，按下 Alt+F5 组合键可以快速进入演示者视图。

▷ 在 PowerPoint 界面底部单击【备注】图标，可以显示下图所示的备注栏，在备注栏中用户可以为幻灯片设置备注文本。

▷ 在演示者视图中，用户无法对 PPT 中的视频进行快进或倒退播放操作，只能控制视频的播放与暂停。

10.4　灵活展示 PPT 内容

在使用 PPT 进行演讲时，并不是只能对幻灯片执行前面介绍的各种播放控制。用户也可以在 PowerPoint 中通过诸如自定义放映幻灯片、指定 PPT 放映范围、指定 PPT 中幻灯片的放映时长等操作来把握演讲的节奏和进度，使 PPT 的内容能够灵活展示。

10.4.1　自定义放映幻灯片

一般情况下，我们会把制作好的演示文稿从头到尾播放出来。但是，在一些特殊的演示场景或针对某些特定的演示对象时，则可能只需要演示 PPT 中的部分幻灯片，这时可以通过自定义幻灯片来实现目的。

【例 10-1】在 PPT 中，设置自定义幻灯片播放。

视频+素材(素材文件第 10 章例 10-1)

step 1 打开 PPT 后，选择【幻灯片放映】选项卡，单击【开始放映幻灯片】命令组中的【自定义幻灯片放映】下拉按钮，从弹出的下拉列表中选择【自定义放映】选项。

step 2 打开【自定义放映】对话框，单击【新建】按钮。

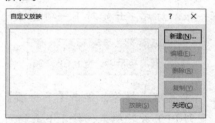

step 3 打开【定义自定义放映】对话框，在【幻灯片放映名称】文本框中输入自定义放映的名称，在【在演示文稿中的幻灯片】列表中选中需要自定义放映幻灯片前的复选框，然后单击【添加】按钮。

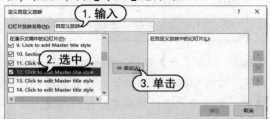

step 4 在【在自定义放映中的幻灯片】列表中通过单击↑和↓按钮，调整幻灯片在自定义放映中的顺序，单击【确定】按钮。

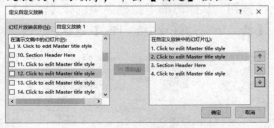

step 5 返回【自定义放映】对话框，在该对话框中单击【放映】按钮，查看自定义放映幻灯片的顺序和效果(如果发现有问题可以单击【编辑】按钮，打开【定义 自定义放映】对话框进行调整)。

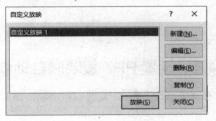

step 6 单击【关闭】按钮，关闭【自定义放映】对话框，单击【开始放映幻灯片】命令组中的【自定义幻灯片放映】下拉按钮，从弹出的下拉列表中选择创建的自定义放映，即可按其设置的幻灯片顺序开始播放 PPT。

此外，用户也可以在 PPT 放映的过程中，通过右键菜单【自定义放映】子菜单中的命令，来选择 PPT 中的自定义放映片段。

10.4.2　指定 PPT 放映范围

在默认设置下，按下 F5 键后 PPT 将从第一张幻灯片开始播放，但如果用户需要在演讲时，只放映 PPT 中的一小段连续的内容，可以参考以下方法进行设置。

step 1 选择【幻灯片放映】选项卡，在【设置】命令组中单击【设置幻灯片放映】按钮。

step 2 打开【设置放映方式】对话框，选中【从】单选按钮，并在其后的两个微调框中输入 PPT 的放映范围，如下图所示指定 PPT 从第 12 张幻灯片放映到第 36 张幻灯片。

step 3 单击【确定】按钮，然后按下 F5 键放映 PPT，此时 PPT 将从指定的幻灯片开始播放，至指定的幻灯片结束放映。

10.4.3 指定幻灯片的放映时长

在 PowerPoint 中放映 PPT 时，一般情况下用户通过单击鼠标才能进入下一张幻灯片的播放状态。但当 PPT 被用于商业演示，摆放在演示台上时，这项默认设置就显得非常麻烦。此时，用户可以通过为 PPT 设置排练计时，使 PPT 既能自动播放，又可以自动控制其自身每张幻灯片的播放时长。

step 1 打开 PPT 后，选择【幻灯片放映】选项卡，单击【设置】命令组中的【排练计时】按钮，进入 PPT 排练计时放映状态。

step 2 此时，幻灯片会进入放映状态，并在界面左上方显示【录制】对话框，其中显示了时间进度。

step 3 在当前幻灯片达到预定时间后，单击【下一项】按钮 →，即可切换到下一个动画或下一张幻灯片，开始对下一项进行计时。

step 4 重复以上操作，单击【下一项】按钮 →，直到 PPT 放映结束，按下 Esc 键可结束放映，软件将弹出下图所示的提示对话框，询问用户是否保留新的幻灯片排练时间。

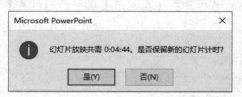

step 5 单击【是】按钮，然后按下 F5 键放映 PPT，幻灯片将按照排练计时设置的时间进行播放，无须用户通过单击鼠标控制播放。

如果用户要取消 PPT 中设置的排练计时，可以选择【幻灯片放映】选项卡，单击【设置】命令组中的【录制幻灯片演示】下拉按钮，从弹出的下拉列表中选择【清除】|【清除所有幻灯片中的计时】选项。

10.4.4 设置 PPT 放映时自动换片

在放映 PPT 时要实现自动换片，除了使用上面介绍的设置排练计时外，用户还可以使用以下方法，通过设置使幻灯片持续一定时间后，自动切换到下一张幻灯片来实现。

step① 打开 PPT 后，选择【切换】选项卡，在【计时】命令组中选中【设置自动换片时间】复选框，然后在该复选框后的微调框中输入当前 PPT 第 1 张幻灯片的换片时间。

step② 在幻灯片预览窗格中选中 PPT 的第 2 张幻灯片，然后重复步骤 1 的操作，设置该幻灯片的换片时间。

step③ 重复以上操作，完成 PPT 中所有幻灯片换片时间的设置，按下 F5 键，PPT 将按照设置的换片时间自动放映所有幻灯片。

当用户为 PPT 中的某一张幻灯片设置自动放映时间后，如果单击上图所示【计时】命令组中的【全部应用】按钮，可以将设置的时间应用到整个 PPT 中。

10.4.5　快速"显示"PPT 内容

在 Windows 系统中，右击 PPT 文件，从弹出的快捷菜单中选择【显示】命令，可以无须启动 PowerPoint 就能快速放映 PPT。

10.4.6　制作 PPT 放映文件

PPT 最终制作完成后，按下 F12 键，打开【另存为】对话框，将【保存类型】设置为【PowerPoint 放映】，然后单击【保存】按钮，可以将 PPT 保存为"PowerPoint 放映"文件。

此后，在演示活动中，用户双击制作的 PowerPoint 放映文件，就可以直接放映 PPT，而不会启动 PowerPoint 进入 PPT 编辑界面。

10.4.7　远程同步放映 PPT

在 PowerPoint 中，用户可以通过"联机演示"功能，将制作好的 PPT 与其他人联网分享，同步观看。具体方法如下。

step① 选择【幻灯片放映】选项卡，在【开始放映幻灯片】命令组中单击【联机演示】下拉按钮，从弹出的下拉列表中选择【Office 演示文稿服务】选项。

step② 打开【联机演示】对话框，选中【启用远程查看器下载演示文稿】复选框，然后单击【连接】按钮。

step ③ 稍等片刻后，在打开的对话框中单击
【复制链接】选项，然后通过 QQ、微信或
电子邮件等网络通信手段，将复制的链接发
送给远程联网的其他用户。

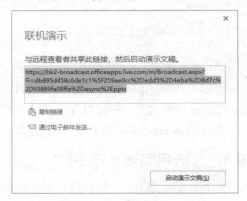

step ④ 收到链接的用户，使用浏览器访问链
接将打开如下图所示的页面，等待 PPT 放映。

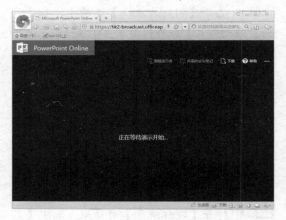

step ⑤ 用户在【联机演示】对话框中单击【启
动演示文稿】按钮后，远程用户的浏览器页
面将同步放映 PPT 内容。

10.5 设置输出 PPT 文件

有时，为了让 PPT 可以在不同的环境下正常放映，我们可以将制作好的 PPT 演示文稿输
出为不同的格式，以便播放。

10.5.1 将 PPT 输出为视频

日常工作中，为了让没有安装
PowerPoint 软件的电脑也能够正常放映

同步放映结束后，PowerPoint 将显示下
图所示的【联机演示】选项卡，在该选项卡
的【联机演示】命令组中单击【结束联机演
示】按钮，即可结束 PPT 同步放映。

10.4.8 禁用 PPT 单击换片功能

在 PowerPoint 中选择【切换】选项卡，
然后在【计时】命令组中取消【单击鼠标时】
复选框的选中状态，即可设置 PPT 放映时单
击鼠标左键无法切换幻灯片(此时，用户只能
通过按下 Enter 键切换幻灯片)。

PPT，或是需要将制作好的 PPT 放到其他设
备平台进行播放(如手机、平板电脑等)，就
需要将 PPT 转换成其他格式。而我们最常

用的格式是视频格式，PPT 在输出为视频格式后，其效果不会发生变化。依然会播放动画效果、嵌入的视频、音乐或语音旁白等内容。

【例 10-2】将 PPT 输出为视频。

视频+素材 (素材文件\第 10 章\例 10-2)

step 1　打开 PPT 后按下 F12 键，打开【另存为】对话框，将【文件类型】设置为 "MPEG-4视频"，然后单击【保存】按钮。

step 2　此时，PowerPoint 将把 PPT 输出为视频格式，并在软件工作界面底部显示输出进度。

step 3　稍等片刻后，双击输出的视频文件，即可启动视频播放软件查看 PPT 内容。

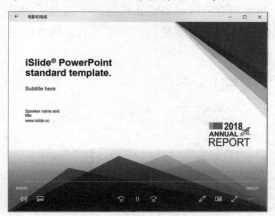

10.5.2　将 PPT 输出为图片

在 PowerPoint 2016 中，用户可以将 PPT

中的每一张幻灯片作为 GIF、JPEG 或 PNG格式的图片文件输出。下面以输出为 JPEG格式的图片为例介绍具体方法。

step 1　打开 PPT 后按下 F12 键打开【另存为】对话框，将【文件类型】设置为 "JPEG 文件交换格式"，然后单击【保存】按钮。

step 2　在打开的提示对话框中单击【所有幻灯片】按钮。

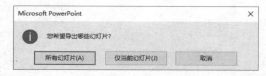

step 3　此时，PowerPoint 将新建一个与 PPT同名的文件夹用于保存输出的图片文件。

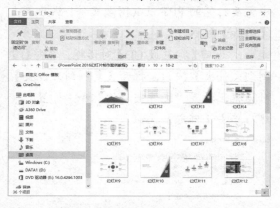

10.5.3　将 PPT 打包为 CD

虽然目前 CD 很少被使用，但如果由于某些特殊的原因(例如,向客户赠送产品说明PPT)，用户需要将 PPT 打包为 CD，可以参考以下方法进行操作。

step 1 选择【文件】选项卡，在弹出的菜单中选择【导出】选项，在显示的【导出】选项区域中选择【将演示文稿打包成 CD】选项，并单击【打包成 CD】按钮。

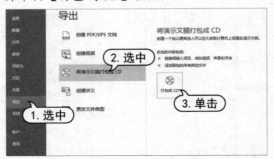

step 2 打开【打包成 CD】对话框，单击【添加】按钮。

step 3 打开【添加文件】对话框，选中需要一次性打包的 PPT 文件路径，按住 Ctrl 键选中需要打包的 PPT 及其附属文件，然后单击【添加】按钮。

step 4 返回【打包成 CD】对话框，单击【复制到文件夹】按钮，打开【复制到文件夹】对话框，设置"文件夹名称"和"位置"，然后单击【确定】按钮。

step 5 在打开的提示对话框中单击【是】按钮，即可复制文件到文件夹。

此后，使用刻录设备将打包成 CD 的 PPT 文件刻录在 CD 上，将 CD 放入光驱并双击其中的 PPT 文件，即可开始放映 PPT。

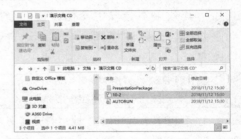

如果用户希望在 PPT 被打包成 CD 之后，为其设置一个密码，可以在【打包成 CD】对话框中单击【选项】按钮，打开下图所示的【选项】对话框，在【打开每个演示文稿时所用密码】和【修改每个演示文稿时所用密码】文本框中输入密码后，单击【确定】按钮，返回【打包成 CD】对话框再执行以上操作即可。

如此，当 PPT 被打包成 CD 后，在放映和编辑时，PowerPoint 将打开下图所示的提示对话框，提示使用者需要输入密码才能进一步操作。

10.5.4 将 PPT 插入 Word 文档

在保存 PPT 时，用户可以将 PPT 作为讲义插入 Word 文档中，具体方法如下。

step 1 选择【文件】选项卡，在弹出的菜单中选择【导出】选项，在显示的【导出】选项区域中选择【创建讲义】选项，并单击【创建讲义】按钮。

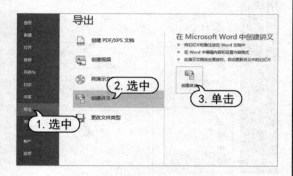

step 2 打开【发送到 Microsoft Word】对话框，在该对话框中选中一种版式后，单击【确定】按钮。

step 3 此后，即可将 PPT 以讲义的形式插入 Word 文档中。

10.5.5　将 PPT 保存为 PDF 文件

　　PDF 是一种以 PostScript 语言和图像模型为基础，无论在哪种打印机上都可以确保以很好的效果打印出来的文件格式。在 PowerPoint 中制作好 PPT 后，也可以将其保存为 PDF 格式，具体方法如下。

step 1 选择【文件】选项卡，在弹出的菜单中选择【导出】选项，在显示的【导出】选项区域中选择【创建 PDF/XPS 文档】选项，并单击【创建 PDF/XPS】按钮。

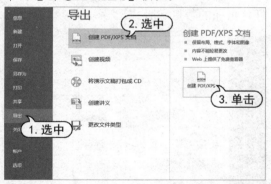

step 2 打开【发布为 PDF 或 XPS】对话框，在其中设置 PDF 文件的保存路径，然后单击【发布】按钮即可。

10.6　设置打印 PPT 文件

　　PPT 在打印时不像 Word、Excel 等文档那么简单。由于一页 PPT 的内容相对较少，如果把其中每一页幻灯片都单独打印在一整张 A4 纸上，那么一份普通的 PPT 文档在被打印出来后，可能会使用大量纸张(少则几十页，多则几百页)，这样不但浪费纸，而且也会为阅读带来障碍。因此，在设置打印 PPT 文件时，我们一般会将多个 PPT 页面，集中打印在一张纸上。

10.6.1 自定义 PPT 单页打印数量

在 PowerPoint 中选择【文件】选项卡，在弹出的菜单中选择【打印】选项，将显示如下图所示的文件打印界面。在该界面的右侧显示 PPT 中当前选中的页面，软件默认一张纸打印一个 PPT 页面。

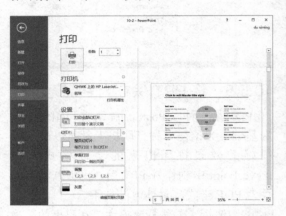

单击上图中的【整页幻灯片】下拉按钮，在弹出的下拉列表中的【讲义】选项区域中，用户可以自定义设置在一张纸上打印 PPT 幻灯片页面的数量和版式。

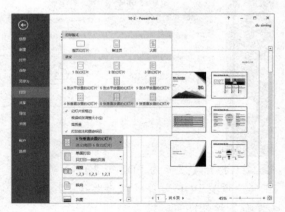

10.6.2 调整 PPT 颜色打印模式

虽然 PPT 在设计时通常会使用非常多的色彩，但在打印时却未必都以彩色模式打印，因此，当用户不需要对 PPT 进行彩色打印时，可以参考以下方法，将 PPT 设置为灰色打印效果。具体方法是：选择【文件】选项卡，

在弹出的菜单中选择【打印】选项，在显示的打印选项区域中单击【颜色】下拉按钮，从弹出的下拉列表中选择【灰度】选项。

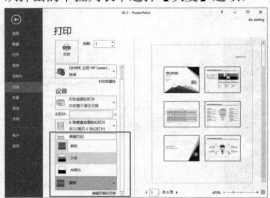

10.6.3 打印 PPT 备注页或大纲

PPT 中包含大纲和备注，在打印时如果用户需要将其单独打印出来，可以在打印界面中单击【整页幻灯片】下拉按钮，从弹出的下拉列表中选择【备注页】或【大纲】选项即可，如下图所示。

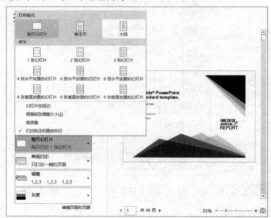

10.6.4 打印 PPT 中隐藏的页面

在 PPT 打印界面中，如果软件没能显示打印隐藏的幻灯片页面，用户可以在下图所示的打印界面中单击【打印全部幻灯片】下拉按钮，从弹出的下拉列表中选中【打印隐藏幻灯片】选项，设置 PowerPoint 打印 PPT 中隐藏的页面。

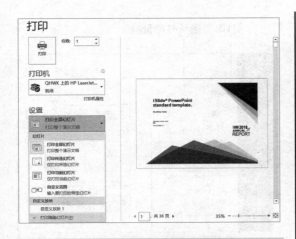

10.6.5　打印页面批注与墨迹

如果用户在放映 PPT 时，通过荧光笔在页面中留下了墨迹，或在 PPT 页面中插入了批注内容。可以通过以下设置，设置在打印 PPT 时将其打印出来：选择【文件】选项卡，在弹出的菜单中选择【打印】选项，在显示的打印界面中单击【整页幻灯片】下拉按钮，从弹出的下拉列表中选择【打印批注和墨迹标记】选项。

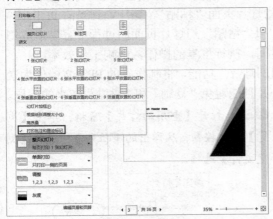

10.6.6　设置 PPT 打印纸张大小

在 PowerPoint 中，软件默认使用 A4 纸张打印 PPT，如果用户想要更换 PPT 的打印纸张，可以执行以下操作。

step ① 选择【文件】选项卡，在弹出的菜单中选择【打印】选项，在显示的打印界面中单击【打印机属性】按钮。

step ② 在打开的对话框中选择【纸张/质量】选项卡，单击【尺寸】下拉按钮，从弹出的下拉列表中选择合适的纸张后，单击【确定】按钮即可。

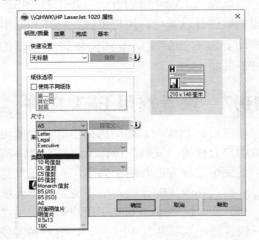

10.6.7　设置纵向打印 PPT 页面

在 PowerPoint 中，软件默认使用"横向"打印 PPT，但通常打印机中的纸张都是纵向摆放，用户通过设置也可以像打印 Word 文档一样，纵向打印 PPT。具体方法如下。

step ① 选择【文件】选项卡，在弹出的菜单中选择【打印】选项，在显示的打印界面中单击【打印机属性】按钮。

step ② 在打开的对话框中选择【基本】选项卡，在【方向】选项区域中选中【纵向】单选按钮，然后单击【确定】按钮即可。

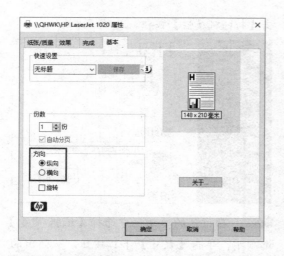

打印　确认打印份数

确认打印机无误　　　滚动条

10.6.8　预览 PPT 内容并执行打印

在使用上面介绍的方法对 PPT 的各项打印参数进行设置后,用户可以在打印界面中拖动界面右侧的滚动条预览每张纸打印的 PPT 页面。

在确认打印内容无误后,在【份数】文本框中输入 PPT 的打印份数,然后单击【打印】按钮,即可执行 PPT 打印操作(确认电脑与打印机连接)。

10.7　设置重用 PPT 文件

在设计 PPT 时,如果想在当前文件使用其他 PPT 中的某一页或某几页幻灯片,通常大多数用户会使用"复制"操作(Ctrl+C),将需要的幻灯片页面"粘贴"(Ctrl+V)到当前 PPT 中。但是使用这种方法有两个弊端,一是在"复制"和"粘贴"幻灯片页面的过程中容易造成幻灯片格式和版式的错误,二是需要耗费大量的时间,执行重复的操作,影响工作效率。

其实,在 PowerPoint 中用户可以使用"重用幻灯片"功能,将制作好的 PPT 文档作为素材快速输出到新建的 PPT 中,供用户参考使用,并且能避免"复制"和"粘贴"带来的问题。

step 1 在 PowerPoint 中选择【开始】选项卡,单击【幻灯片】命令组中的【新建幻灯片】下拉按钮,从弹出的下拉菜单中选择【重用幻灯片】命令。

step 2 打开【重用幻灯片】窗格,单击【浏览】下拉按钮,从弹出的下拉列表中选择【浏览文件】选项。

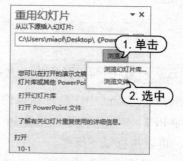

step 3 打开【浏览】对话框,选择一个制作好的 PPT 文件后,单击【打开】按钮。

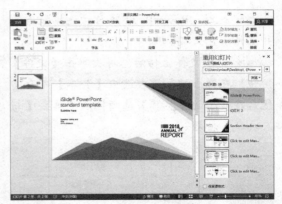

step 4 此时，选中 PPT 文件的幻灯片页面将被输出至【重用幻灯片】窗格中，单击其中的页面即可将页面插入当前制作的 PPT 中。

step 5 重复步骤 1～3 的操作，将其他 PPT 文件输出至【重用幻灯片】窗格，新的 PPT 幻灯片列表将替代原先显示的幻灯片列表。

10.8　案例演练

　　本书详细介绍了放映 PPT 的方法和使用 PowerPoint 将 PPT 输出为视频、图片、Word 文档、PDF 文件、纸质文稿的方法。下面的案例演将练习把 PPT 输出为 Web、XPS 文件以及图片 PPT 等操作，以便用户可以进一步巩固所学的知识。

【例 10-3】在 PowerPoint 中，将制作好的 PPT 文件输出为 Web 文件。
🎬 视频+素材（素材文件\第 10 章\例 10-3）

step 1 双击制作好的 PPT 文件，将其在 PowerPoint 中打开。

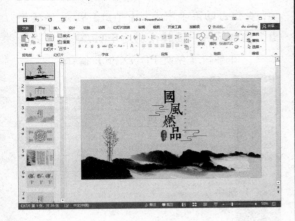

step 2 选择【文件】选项卡，在弹出的菜单中选择【另存为】命令，在中间窗格的【另存为】选项区域中选中【OneDrive-个人】选项，并在右侧窗格中双击【OneDrive-个人】按钮。

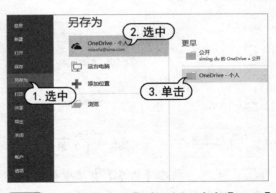

step 3 打开【另存为】对话框，选中【公开】文件夹并单击【打开】按钮，将该文件夹打开后，单击【保存】按钮。

PowerPoint 2016 幻灯片制作案例教程

step 4 此时，PowerPoint 将自动连接服务器并上传演示文稿。

step 5 完成文件上传后，再次单击【文件】按钮，在弹出的菜单中选中【共享】命令，然后在显示的【共享】选项区域中单击【与人共享】按钮。

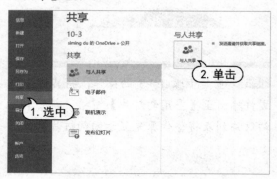

step 6 打开【共享】窗格，单击【获取共享链接】选项，在打开的界面中单击【创建仅供查看的链接】按钮。

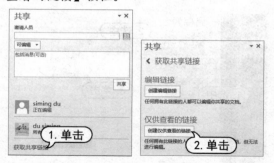

step 7 此时，将在【共享】窗格中创建如下图所示的演示文稿查看链接，单击该链接后的【复制】按钮。

step 8 打开浏览器，然后在地址栏中按下Ctrl+V 组合键粘贴所复制的链接，即可使用浏览

器通过互联网查看 PPT 的内容。

step 9 在 PowerPoint 2016 的【共享】选项区域中选择【电子邮件】选项，在打开的窗格中单击【发送链接】按钮。

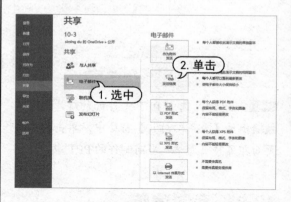

step 10 此时，将启动 Outlook 软件，并在打开的邮件内容文本区域中自动创建用于编辑演示文稿的超链接，用户只需填写收件人的电子邮件地址，然后单击【发送】按钮，即可将演示文稿编辑链接发送给互联网上的其他用户。

【例 10-4】 在 PowerPoint 中，将制作好的 PPT 文件输出为 XPS 文件。

视频+素材（素材文件\第 10 章\例 10-4）

step 1 打开 PPT 文档后，选择【文件】选项卡，在弹出的菜单中选择【导出】命令，在【导出】选项区域中选择【创建 PDF/XPS 文档】选项，并单击【创建 PDF/XPS】按钮。

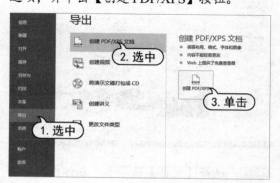

step 2 打开【发布为 PDF 或 XPS】对话框，设置保存文档的路径，将【保存类型】设置为【XPS 文档】，然后单击【发布】按钮。

286

step 3 此时，将自动弹出【正在发布】对话框，在其中显示发布进度。

step 4 稍等片刻后，将自动在 Windows 系统自带的 XPS 查看器中显示发布后的 XPS 文档效果。

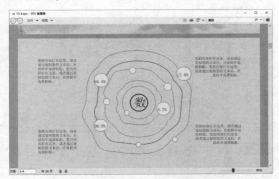

【例 10-5】在 PowerPoint 中，将普通 PPT 输出为图片型 PPT。

视频+素材（素材文件\第 10 章\例 10-5）

step 1 打开 PPT 文档后，选择【文件】选项卡，在弹出的菜单中选择【导出】选项，在所显示的【导出】选项区域中选择【更改文件类型】选项后，双击【演示文稿类型】列表中的【PowerPoint 图片演示文稿】选项。

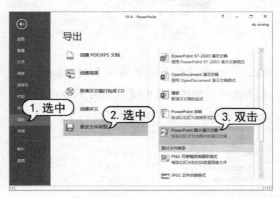

step 2 打开【另存为】对话框，设置文件保存路径后，单击【保存】按钮即可。

step 3 打开输出的图片型 PPT，其中所有的内容元素（包括图片、文本、文本框、视频等），将都以图片的形式插入在幻灯片中。

【例 10-6】在放映之前快速关闭 PPT 中的动画、旁白等效果。

视频+素材（素材文件\第 10 章\例 10-6）

step 1 选择【幻灯片放映】选项卡，在【设置】命令组中单击【设置幻灯片放映】按钮。

step 2 打开【设置放映方式】对话框，选中
【放映时不加旁白】和【放映时不加动画】复
选框，然后单击【确定】按钮。

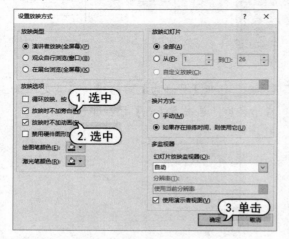

step 3 按下 F5 键放映 PPT，此时 PPT 中的
动画和旁白将不会放映。

【例 10-7】在放映 PPT 时启动其他应用程序。
视频+素材（素材文件\第 10 章\例 10-7）

step 1 按下 F5 键放映 PPT，在放映的过程中
如果需要启动其他应用程序配合演讲，用户可
以右击幻灯片，在弹出的快捷菜单中选择【屏
幕】|【显示任务栏】命令。

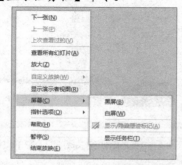

step 2 此时，屏幕上将显示任务栏，单击其
左侧的【开始】按钮，在弹出的菜单中用户

可以启动其他应用程序。

【例 10-8】设置 PPT 在窗口中放映。
视频+素材（素材文件\第 10 章\例 10-8）

step 1 选择【幻灯片放映】选项卡，在【设
置】命令组中单击【设置幻灯片放映】按钮。

step 2 打开【设置放映方式】对话框，选中
【观众自行浏览(窗口)】单选按钮，然后单击
【确定】按钮。

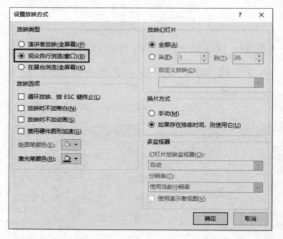

step 3 按下 F5 键放映 PPT，此时 PPT 将在
窗口中放映。

【例 10-9】制作一个抽奖 PPT。
视频+素材（素材文件\第 10 章\例 10-9）

step 1 制作一个下图所示的图形，用于在页面
中抽奖，在抽奖转盘的不同刻度上写上不同的
奖励名称，将初始指针设置在抽奖转盘的正中。

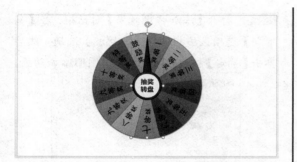

step 2 在幻灯片预览窗格中，右击第一张幻灯片，在弹出的菜单中选择【复制幻灯片】命令，将创建的幻灯片复制一份。

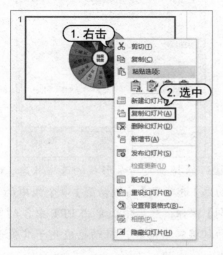

step 3 选中第 2 张幻灯片中的指针，通过旋转图形调整其位置，使指针指向"一等奖"文字之上。

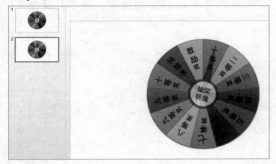

step 4 重复步骤 2 的操作，在 PPT 中继续复制幻灯片，然后重复步骤 3 的操作调整每张幻灯片中抽奖转盘指针的位置，使每张幻灯片中的指针都指向不同的奖励文字。

step 5 选择【切换】选项卡，将【持续时间】设置为"00.01"，选中【设置自动换片时间】复选框，并将换片时间设置为"00.00.00"，然后单击【全部应用】按钮。

step 6 选择【幻灯片放映】选项卡，在【设置】命令组中单击【设置幻灯片放映】按钮。

step 7 打开【设置放映方式】对话框，选中【循环放映，按 Esc 键终止】复选框，然后单击【确定】按钮。

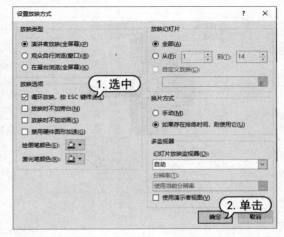

step 8 按下 F5 键放映 PPT，PPT 将自动播放，

其中制作的抽奖转盘指针会随着 PPT 的放映而旋转，指向不同的奖品。

step 9 放映 PPT 时，按下 S 键将暂停放映，抽奖转盘指针会停留在当前放映的幻灯片页面中。

step 10 用户还可以通过为抽奖转盘设置"陀螺旋"动画，来增加抽奖的难度。选中页面中下图所示的抽奖转盘形状后，选择【动画】选项卡，单击【高级动画】命令组中的【添加动画】下拉按钮，从弹出的下拉列表中选择【更多强调效果】选项。

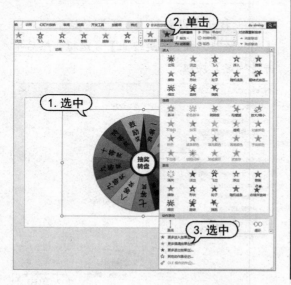

step 11 打开【添加强调效果】对话框，在【基本型】选项区域中选中【陀螺旋】选项，然后单击【确定】按钮，为抽奖转盘图形添加动画。

step 12 保持抽奖转盘形状的选中状态，双击【动画】选项卡【高级动画】命令组中的【动画刷】按钮，然后依次单击 PPT 中各幻灯片中的抽奖转盘形状，将动画应用于其他形状之上。

step 13 再次按下 F5 键放映 PPT，在抽奖转盘指针旋转的同时，抽奖转盘也会飞快旋转。按下 S 键即可停止 PPT 的放映，显示获奖情况。